著者简介

森巧尚

软件工程师，科技作家，兼任日本关西学院讲师、关西学院高中科技教师、成安造形大学讲师、大阪艺术大学讲师。

著有《Python一级：从零开始学编程》《Python二级：桌面应用程序开发》《Python二级：数据抓取》《Python二级：数据分析》《Python三级：机器学习》《Python三级：深度学习》《Java一级》《动手学习！Vue.js开发入门》《在游戏开发中快乐学习Python》《算法与编程图鉴（第2版）》等。

Python

三级
机器学习

〔日〕森巧尚 著

蒋萌 杨晋 译
鲁尚文 审校

科学出版社

北 京

图字：01-2023-5708号

内 容 简 介

什么是机器学习？机器学习能做什么？本书将带你走进机器学习的世界。

本书面向机器学习初学者，以山羊博士和双叶同学的教学漫画情境为引，以对话和图解为主要展现形式，从查看样本数据开始，循序渐进地讲解机器学习的基本语法、各种算法和编程样例。最后，本书通过图像预测数字，让读者体验机器学习的开发过程。

本书适合Python初学者自学，也可用作青少年编程、STEM教育、人工智能启蒙教材。

图书在版编目（CIP）数据

Python三级：机器学习/(日)森巧尚著；蒋萌，杨晋译.—北京：科学出版社，2024.6

ISBN 978-7-03-077117-9

Ⅰ.①P… Ⅱ.①森… ②蒋… ③杨… Ⅲ.①软件工具—程序设计②机器学习 Ⅳ.①TP311.561 ②TP181

中国国家版本馆CIP数据核字（2023）第220148号

责任编辑：喻永光 杨 凯 / 责任制作：周 密 魏 谨
责任印制：肖 兴 / 封面设计：张 凌

科 学 出 版 社 出版
北京东黄城根北街16号
邮政编码：100717
http://www.sciencep.com

三河市春园印刷有限公司印刷
科学出版社发行 各地新华书店经销
*
2024年6月第 一 版 开本：787×1092 1/16
2024年6月第一次印刷 印张：12
字数：242 000

定价：68.00元

前　言

如今，Python 编程语言非常流行，尤其是在人工智能（AI）领域。书店里，人工智能和机器学习的相关书籍琳琅满目。

但是大多数专业书籍过于晦涩难懂，面向初学者的书里也常见复杂的公式。有没有更简单易懂，连数学不好的人也能学会的方法呢？

本书正是为这样的读者准备的，有助于更形象地理解机器学习的工作原理。还是老规矩，跟山羊博士和双叶同学一起用心学习吧。

请多多关照！

本书为"青少年编程与人工智能启蒙"系列之一，《Python 一级：从零开始学编程》介绍什么是 Python，《Python 二级：数据抓取》介绍如何收集数据，《Python 二级：数据分析》讲解什么是数据分析，本书则形象地介绍机器学习的工作原理。

机器学习并不可怕，它是一种能使我们的生活更加丰富的"工具"，了解这些之后，读者会产生一种亲近感，也会进一步想到怎样在生活中使用机器学习。

希望本书能帮助读者掌握机器学习这一新工具，从而拓展视野。

森巧尚

关于本书

读者对象

本书将带领读者走进机器学习的世界，面向了解 Python 基础语法和基本语法，想进一步学习机器学习的读者（学习过《 Python 一级：从零开始学编程 》和"Python 二级"相关图书）。

本书特点

本书内容基于"Python 一级"和"Python 二级"相关内容，在一定程度上丰富了技术层面的内容，为了帮助读者掌握书中涉及的技术，本书内容遵循以下三个特点展开。

特点 1 以插图为核心概述知识点

每章开头以漫画或插图构建学习情境，之后在"引言"部分以插图的形式概述整章的知识点。

特点 2 以对话形式详解基础语法

精选基础语法，以对话的形式，力求通俗易懂地讲解，以免初学者陷入困境。

特点 3 样例适合初学者轻松模仿编程

为初学者精选编程语言（应用程序）样例代码，以便读者快速体验开发过程，轻松学习。

山羊博士

双叶同学

阅读方法

为了让初学者能够轻松进入机器学习的世界，避免学习时陷入困境，本书作了许多针对性设计。

以漫画的形式概述每章内容
借山羊博士和双叶同学之口引出
每章的主要内容

每章具体要学习的内容一目了然
以插图的形式，通俗易懂地介绍
每章主要知识点和学习流程

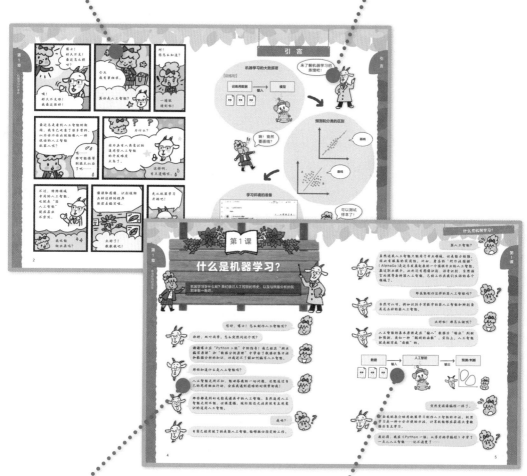

以对话的形式讲解概念
借助山羊博士和双叶同学的对话，
风趣、简要地讲解概要和代码

附有图解说明
尽可能以图解的形式代替
晦涩难懂的措辞

本书样例代码的测试环境

本书全部代码已在以下操作系统和 Python 环境下进行了验证。

操作系统：

- · Windows 10 22H2
- · Windows 11 22H2
- · macOS 13(Ventura)/14(Sonoma)

Python 版本：

- · Python 3.11.5

用到的 Python 库：

- · Pillow 9.5.0
- · numpy 1.26.1
- · scikit-learn 1.3.1
- · scipy 1.11.3

一般来说，以上 Python 库的最新版本应该与本书所有代码兼容。用户使用 pip install 命令安装以上 Python 库的最新版本即可。

- · Windows: py -m pip install Pillow numpy scipy scikit-learn matplotlib
- · macOS: python3 -m pip install Pillow numpy scipy scikit-learn matplotlib

目　录

第3章 了解机器学习的步骤

第4章 机器学习的各种算法

第5章　小智回归！根据图像预测数字

第 1 章

机器学习的准备

引 言

机器学习的大致原理

【训练时】

来了解机器学习的原理吧!

啊! 竟然要画线?

预测和分类的区别

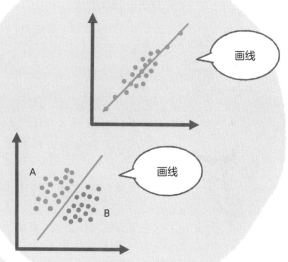

画线

画线

学习环境的准备

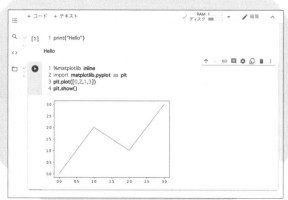

可以测试样本了!

3

第1课

什么是机器学习？

机器学习是什么呢？我们通过人工智能的历史，以及与数据分析的区别来看一看吧。

您好，博士！怎么制作人工智能呢？

你好，双叶同学。怎么突然问这个呢？

谢谢博士在"Python 二级"中的指导！我已经在"爬虫编写原理"和"数据分析原理"中学会了数据收集方法和数据分析的知识，但我还不了解如何编写人工智能。

那你知道什么是人工智能吗？

人工智能无所不知，能回答我的一切问题，还能通过自己的思考做出行动，会在我遇到困难的时候帮助我！

那些都是科幻电影或漫画中的人工智能。虽然通用人工智能无所不能，但很遗憾，现阶段还无法实现有主观意识的通用人工智能。

是吗？

目前已经实现了的是弱人工智能，能够胜任指定的工作。

弱人工智能？

虽然这类人工智能只能用于专业领域，但是能力极强，因此有很高的实用性。比如，著名的"阿尔法围棋"（AlphaGo）是近年发展起来的一个围棋专业的人工智能，赢过职业棋手。此外还有图像识别、语音识别、自然语言处理等各种弱人工智能，已经工作在我们生活的各个领域了。

那我能制作这样的弱人工智能吗？

当然可以呀，例如识别手写数字的弱人工智能和辨别鸢尾花品种的弱人工智能。

太好啦！那怎么做呢？

人工智能的基本原理是在"输入"数据后"输出"判断和预测，类似一种"聪明的函数"。实际上，人工智能就是被写成"函数"的。

突然变得像编程一样了。

下面我就来介绍用机器学习制作人工智能的方法。机器学习是一种十分方便的方法，计算机能够在获得大量数据后自主学习。

我记得，我在《Python 一级：从零开始学编程》中学了一点儿人工智能……记不清楚了……

那我们从概述开始吧。第 1 章介绍什么是机器学习，第 2 章介绍机器学习中使用什么数据。

太好了，我都忘得差不多了。

第 3 章是体验机器学习的代码，根据基本步骤来编写。接下来在第 4 章介绍机器学习的各个种类。

好期待～

机器学习概述

人工智能到底是什么？要回答这个问题，需要先了解一下人工智能的发展历程。

人工智能的研究始于 1950 年，经历了三次发展热潮。

第一次人工智能热潮是由通过计算解开迷宫和谜题的人工智能引发的。但是，它不具备"知识"，只能进行计算，无法回答人类提出的具体问题。

于是，人工智能一度降温。但随后出现了"将专家的知识输入计算机"的主张，专家系统（expert system）由此诞生。输入"专家的知识和规则"就可以回答人类的具体问题了。这就是第二次人工智能的热潮。然而，"专家的知识和规则"需要人（程序开发者）事先调查和准备，耗费大量劳动力。

由此，人工智能再次降温。随后，互联网的诞生，使得人们可以通过网络收集大量数据。因此出现了计算机（机器）通过大量数据主动学习的方法。这就是"机器学习"。只要为计算机提供大量数据，并给出学习某数据的某特征的命令，机器就能自主学习。人工智能从此再次受到人们关注。这就是现在的第三次人工智能热潮的开始。

机器学习又出现了更优秀的方法。即使人类不给出学习某数据的某特征的命令，机器也会自行寻找学习目标，这就是"深度学习"（deep learning）。当前发展的人工智能，在绝大多数情况下都属于深度学习的范畴。深度学习是机器学习方法的一种。提供大量数据后，它会学习人类计划以外的特征，进行高精度学习。

深度学习是一种非常有趣的技术，其核心概念是模拟人脑神经网络的工作原理，通过多层次的神经网络来自动地学习数据中的特征和模式。深度学习知识体系复杂，受篇幅所限，本书仅介绍深度学习以外的基本机器学习知识。

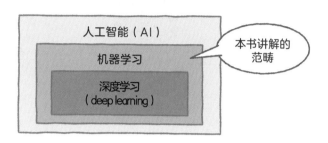

用一句话总结机器学习的内容，就是学习事物的特征规律。在数据中找到重要特征，准备学习的模型。模型一开始像是一个空箱子，将特征数据放进箱子训练，训练结果被称为"预训练模型"。

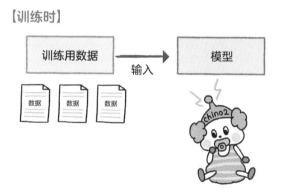

有了预训练模型，就可以用它来预测。向预训练模型中输入"在这个条件下会是什么结果？"的问题数据，可以输出"这个条件下会是这个结果"的预测结果。

【预测时】

例如，对花的特征进行训练，可以预测"这是哪个品种的花"；对面部图像进行训练，可以预测"这张照片是谁"；对过去的营业额进行训练，可以预测"今年的营业额是多少"。

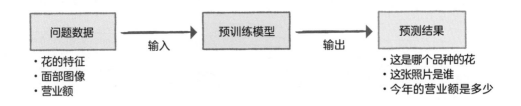

因此，机器学习的训练需要大量数据。如果数据量较小，则训练效果会出现偏差。使用异常数据，会使训练结果出现异常情况。换句话说，数据的数量和质量会影响训练精度。对机器学习来说，写代码不是唯一重要的，考虑如何提供优质数据也十分重要。这意味着，数据收集和数据分析与机器学习十分相似。

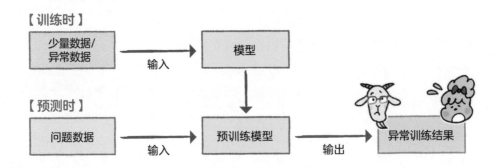

机器学习大致分为以下三种。

机器学习的种类

训 练	内 容
有监督学习	预测数值和分类的学习
无监督学习	总结数据的学习
强化学习	在经验中提高的学习

有监督学习

有监督学习是预测数值和分类的学习，通过大量问题和答案来训练。事实上，并非有人类来监督它，而是将已知的答案称为"监督数据"或"训练数据"，这就是"有监督学习"的含义。有监督学习在我们身边随处可见，如图像识别、文字识别、各种预测等。具体方法是"提供问题和答案以供训练"，对初学者来说很容易理解。因此，本书主要围绕有监督学习进行讲解。

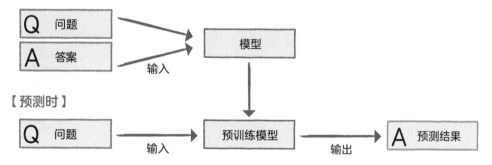

【训练时】

Q 问题
A 答案 → 输入 → 模型

【预测时】

Q 问题 → 输入 → 预训练模型 → 输出 → A 预测结果

无监督学习

无监督学习是总结数据的学习。训练时只提供问题，不提供答案。它是没有答案（训练数据）的学习，因此称为"无监督学习"。无监督学习用于"总结大量数据"，而不是"查找答案"。对大量数据进行分组总结的行为称为"聚类"，对复杂的数据特征进行简化总结的行为称为"降维"。

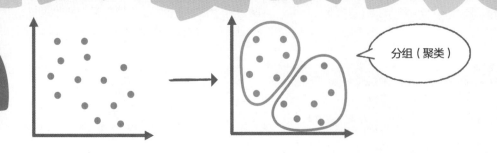

分组（聚类）

强化学习

强化学习是在经验中提高的学习。

其原理是，令模型进行各种尝试，在得到好的结果时提供"奖励"，进而强化。这种学习的目的不是寻找唯一答案，而是找到较好的答案。强化学习常用于机器人控制、棋类运动等。

 ## 数据分析和机器学习的区别

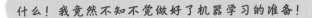

 双叶同学，你是否发现了机器学习的方法和数据分析很像呢？

是啊，我们提供大量数据后，计算机进行工作，感觉很像。

 机器学习其实是数据分析的延伸。也就是说，"Python 二级"中学习的数据收集和数据分析是在为机器学习打基础。

什么！我竟然不知不觉做好了机器学习的准备！

在"提供大量数据后，计算机对其进行处理"这一点上，数据分析和机器学习十分相似。二者的区别在于目的。我们来分析这个问题。

数据分析的目的是根据大量数据分析并解答这些数据有什么特征和倾向。

零散的大量数据令人难以理解，因此我们采取用一个数值代表整体这种简单的解释方法。这类数值称为代表值，包括中位数和平均数等。但是用代表值总结数据，难以看到全部数据的特征，所以我们又引入表示整体离散程度的数值，包括方差和标准差。另外，我们还利用表示自然离散的正态分布，来说明某个值在整体中属于常见或罕见的值。某个值处于正态分布的中间，意味着比较常见；处于边缘，意味着比较罕见。

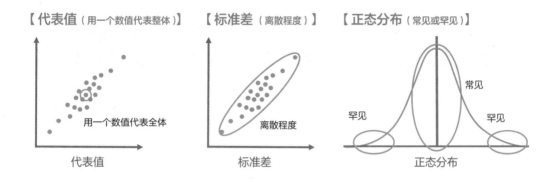

【代表值（用一个数值代表整体）】　【标准差（离散程度）】　【正态分布（常见或罕见）】

用一个数值代表全体　　代表值

离散程度　　标准差

罕见　常见　罕见　　正态分布

相比之下，机器学习的目的是预测：在学习大量数据之后，获得新数据时，可以对其进行预测。

例如，对橘子和葡萄柚的照片数据进行训练后，看到照片就会预测"这张照片中的是橘子"。对"中文语音"进行训练后，听到中文就可以预测"你问的是明天的天气"。对围棋进行训练后，看到围棋比赛就可以预测"下一步这样走"的获胜策略。对机器人进行自行车的骑行方法训练后，当机器人骑上自行车时，就能够实时预测"立即捏住刹车，然后轻踩踏板"，并对机器人进行相应控制。

综上所述，通过数据分析对过去经验进行解释，对未来进行预测："根据新数据可以做出这样的预测。"这就是机器学习。

数据分析……目的是解释过去　　过去

机器学习……目的是预测未来　　未来

第 2 课

区分即理解

机器学习是如何理解并预测我们的现实世界呢？我们来看看它和人类的思考方式有什么不同之处。

机器学习的种类特别多。比如，有监督学习还包括回归和分类。

好复杂呀！我只要一种就够了。

种类多说明它的用途多。比如，回归适用于预测连续变化的数值。

咦？回归是不是在"数据分析原理"中出现过呢？

没错。"数据分析原理"中的线性回归是在散点图上画直线，表明这一组数据有这种倾向。同样，它也可以用于机器学习的预测，表示取该值时的结果会是这样。

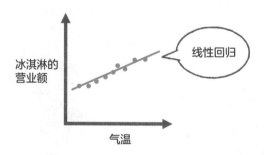

冰淇淋的营业额

线性回归

气温

同样的原理，既能用于数据分析，也能用于机器学习呀。

但它们的目的不一样。与之相对，分类用于预测数据属于训练过的哪一种分类。

什么意思呢？

比如，对橘子和葡萄柚的照片进行训练，然后根据其他照片来预测应该分类为橘子还是葡萄柚。

猜测"这是○○！"时用到的就是分类啦。

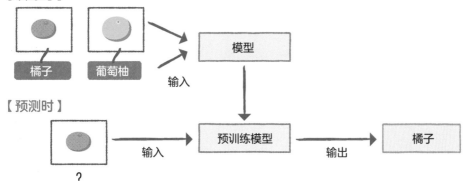

【训练时】

橘子　葡萄柚　→　模型

输入

【预测时】

输入　→　预训练模型　→　输出　→　橘子

?

另外，机器学习中还有无监督学习的聚类。它的用途不是预测，而是将大量数据分组。

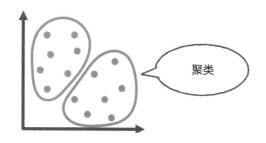
聚类

13

机器学习用途的区别

回　归	预测某个值的相关值是什么数值
分　类	预测某个数据属于哪个类型
聚　类	将大量数据分组

博士，预测数值有点儿人工智能的意思了，但是分类和聚类怎么能算人工智能呢？

确实是个好问题。事实上，有种说法叫"区分即理解"。

哦？

你先来想想我们人类的智能活动。当我们学会一个知识点时，大脑中发生了什么呢？其实就是"知识的区分"。

我们的大脑？

双叶同学，想一想出生以后记住的第一个知识是什么呢？

啊，我可记不得了。

一定是"妈妈的模样"对吧。

哦。确实是的。

看到不认识的人会哭泣，但看到妈妈的模样就会安心。也就是说，大脑学会了区分看到的是妈妈还是别人。这就是知识的开端。

我从那么小的时候就在进行智能活动了呀。

人长大了也是一样。不明白教科书上的知识，只是死记硬背时，人无法明确地解释记忆中的信息和其他信息的区别，就处于懵懵懂懂的状态。当你能够明确区分"这是橘子，那是○○，不是橘子"的时候，你才算理解了。

能够明确区分二者的不同才算理解。

是的。有了明确区分事物 A 和 B 的标准才能说是理解了。

哦～

你看，"理解"这个词在《现代汉语词典》中的解释是"懂，了解"，但"理"和"解"两个字分别还有别的含义："理"的含义包括"事物的道理、条理"等；"解"的含义既包括"明白、了解"，也包括"分开"等。我觉得，某种意义上，机器学习的"理解"可能就是"把不同事物的规律分开来"的意思。

还能这么解释呀。

总结一下，数据的分类与区分，和人类理解事物的智能活动十分相似。

"理解"这个词的意思这么深奥呢。

第 2 课

机器学习算法的本质——画线

博士，人类开动脑筋就可以进行预测和分类，但机器学习是怎么做的呢？

实际上，机器学习并不像我们一样会思考，它只是采用了画线的方法

什么？画线？

比如，将相关性较强的数据绘制成散点图。处理能够用直线描述的数据点的过程称为回归。利用绘制出来的直线就可以预测新值。

【回归（预测线）】

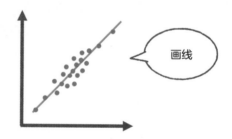

画线

原来这就是线呀。

我们人类画线的时候只会画一条大概的线，而计算机能够找到误差最小的线。

原来如此，这就是聪明线呀。那分类是什么？

我们用下面这张图直观地解释分类。例如，将 A 和 B 两组数据绘制成散点图，会出现两部分点的集合。绘制一条分界线将这两部分完整地分开，就是分类。利用分界线可以查看新值应分类在哪一边。

【分类、聚类（分类的分界线）】

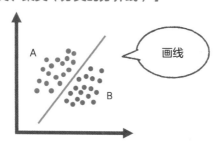

画线

A

B

哦！分界线也是线呀。

同样地，我们人类会找一个大概的位置画线，而计算机则是根据找到的规律画出最适合的分界线。

规律？

这就要靠机器学习的算法了。我们将在第4章具体讲解。

好期待呀。

线是非常重要的概念。回归和分类中，能否顺利画出线关系到预测和分类的精度。

对呀，如果画不出线，就没办法预测了。

画不出线说明处于不明确的状态，能画出线说明处于明确的状态。换句话说，机器学习中的线就是理解的本质。

但是，真的能画出完全正确的线吗？

问得好。这只是根据训练数据得到的线。训练效果好，从概率的角度来说不容易出错，但绝不是完全没有错误。错误还是可能发生，只是概率低。

哎，那不行啊，不能用了。

人在思考的时候也会犯错，而且越累越容易出错。但是，机器学习的正确率显然比人类要高，至少和人类持平，而且机器是不知疲倦的，可以持续工作。

对哦，它的确在代替我们工作呢。如果语音识别错了，我就笑着原谅它吧。

为了准确区分，有意义的特征量尤为重要

机器学习是从数据化现实世界中事物的性质和状态并输入计算机开始的，能够衡量现实世界中事物的性质和状态的数据称作"特征量"。

例如，在输入"花的数据"时，要将"花的大小""花瓣的颜色""花瓣的宽度"和"花瓣的长度"等花的特征数据化。这些是能够测量并输入的特征值，因此称作"特征量"。

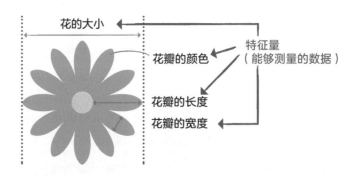

但是，有的特征量对预测很重要，有的特征量对预测毫无意义。训练再多无意义的特征量，也是无效的训练。使用有意义的特征量对训练十分重要。

对预测有意义的特征量，或者预测依赖的数据称作"解释性变量"。预测结果称作"目标变量"。

机器学习就是使用解释性变量和目标变量进行训练和预测（有时也把解释性变量称作特征量，不对二者加以区分）。

区分即理解

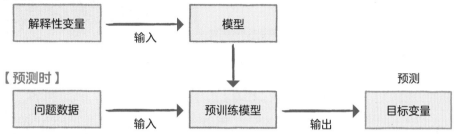

训练时使用多少解释性变量决定了预测的详细程度。

简单数据只需要 1 个解释性变量就可以预测，但是复杂数据通常无法仅用一个解释性变量就预测出来。这时就要考虑将解释性变量增加到两个，从而提高预测精度。但是，增加解释性变量意味着增加数据量，其中的平衡需要仔细考虑。

使用的解释性变量个数也称作"维度"。比如，使用 1 个解释性变量的情形为"一维"，2 个的为"二维"，3 个的为"三维"。

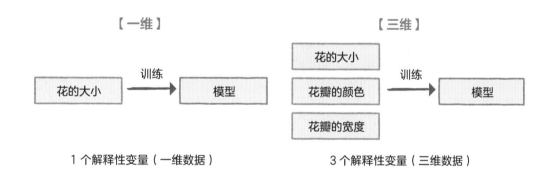

第 3 课

机器学习的准备工作

当下，常用机器学习编写工具是 Jupyter Notebook，用户可在本地安装，也可使用云平台上的 Jupyter Notebook 产品。快做准备吧。

博士，编写人工智能程序需要做什么准备？

我们需要从数据处理开始循序渐进地编写，所以最好使用数据分析中常用的 Jupyter Notebook。

我最近刚刚换了新电脑，看来又要重装了。

除本地安装之外，也可以选择使用云平台上的 Jupyter Notebook 产品，如著名的 Google Colaboratory。其他比较受欢迎的产品包括 Kaggle、亚马逊 SageMaker 和微软 Azure Notebook 等。我们国内也在发展一些数据分析和机器学习的云平台，包括和鲸 K-lab 和阿里云天池 Notebook 等。

有这么多选择呢！

刚开始入门机器学习的话，这些平台用起来大同小异，本书的代码也能在各种平台上运行。本书选择从本地安装 Jupyter Notebook 环境。

在Windows中安装Jupyter Notebook

Jupyter Notebook 可以在 Python 下直接使用 pip 命令安装，但是需要安装的工具众多，较为繁琐。Anaconda 是专为数据分析、机器学习等用途开发的工具软件包，集成了 Python、Jupyter Notebook 和许多必要的库，可谓"开箱即用"。下面是在 Windows 上安装 Anaconda 的步骤。

① 下载 Anaconda 安装程序

首先从 Anaconda 官方网站上下载安装程序。

在 Windows 中通过浏览器打开下载页面，❶点击"Download"按钮，网站会自动为我们下载 Windows 版本的安装程序。从 2022 年 10 月左右开始，考虑到 64 位操作系统的普及，Anaconda 只提供 64 位安装程序。

Anaconda 下载地址：https://www.anaconda.com/download

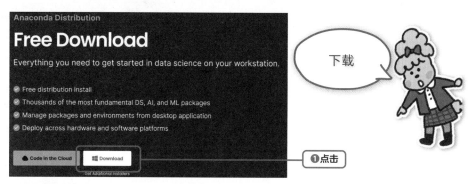

※ 上图使用的浏览器为 Windows 默认的 Microsoft Edge 浏览器。

② 运行安装程序

下载完成以后，❶在"下载"工具栏中点击安装包下方的"打开文件"。❷也可以找到下载文件夹中的"Anaconda3-20xx.xx-Windows-x86_64.exe"[①]，双击运行安装程序。

---

① 安装程序文件名中的"20xx.xx"为发布时的年月，随着更新会有变化。

21

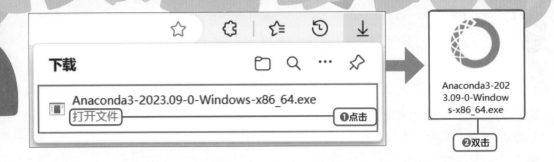

③ 安装程序的运行步骤

运行后出现安装程序的启动画面。按照下方图示步骤依次点击❶ "Next >"、
❷ "I Agree"、❸ "Next >"、❹ "Next >"、❺ "Install" 按钮。

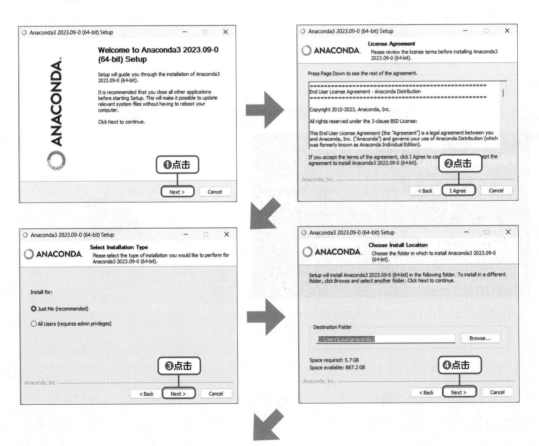

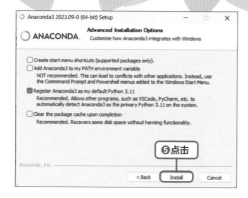

④ 结束安装程序

❶安装程序进行文件复制,等待这一步之后点击"Next>"。❷点击"Next>"。
❸点击"Finish"关闭安装程序。

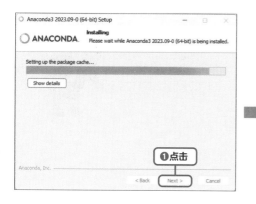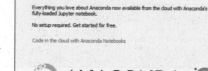

在macOS上安装Anaconda

① 下载Anaconda安装程序

首先从 Anaconda 官方网站上下载安装程序。

在 macOS 中通过浏览器打开下载页面后，❶点击"Download"按钮。macOS 电脑 CPU 有 Intel（x86）和 Apple M 系列芯片（ARM）两种，需要选择与电脑 CPU 对应的安装程序。❷点击对应的安装程序进行下载（这里使用的是 Apple M1）。

苹果版也有！

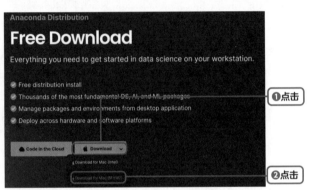

※ 上图使用的浏览器为 macOS 默认的 Safari 浏览器。

② 运行安装程序

在 访 达（Finder） 中 找 到 下 载 的 安 装 程 序"Anacode3-20xx.xx-MacOSX-xxx.pkg"①，❶双击运行安装程序。

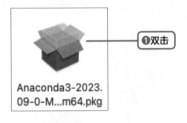

❶双击

Anaconda3-2023.
09-0-M...m64.pkg

---

① 安装程序文件名中的"20xx.xx"为发布时的年月，随着更新会有变化；"MacOSX"后面的"xxx"部分表示 Intel 或 Apple M 系列芯片类型。

③ 安装程序的运行步骤

❶ ～ ❸在安装程序的"介绍""请先阅读""许可"界面点击"继续"按钮。
❹在弹出的对话框中点击"同意"按钮。❺点击"继续"按钮。

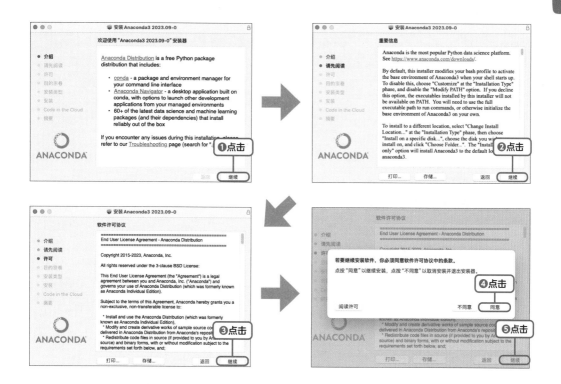

④ macOS 安装程序的额外步骤

❶在"目的宗卷"界面选择"仅为我安装"。❷点击"继续"按钮。❸在"安装类型"界面点击"安装"按钮。当前的 Anaconda 一般会安装到用户目录下，❹如果安装到其他地方（如系统目录），则可能要求输入用户名和密码。❺点击"安装软件"按钮。

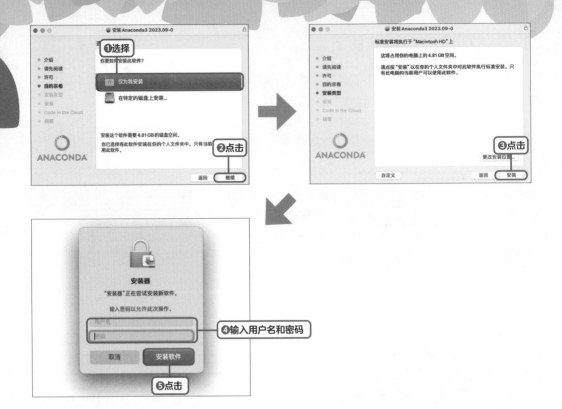

⑤ 结束安装程序

安装完成后，❶在"Anaconda in the Cloud"界面点击"继续"按钮。❷
点击"关闭"按钮结束安装程序。

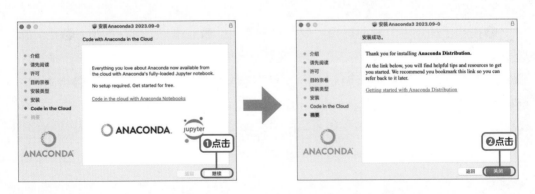

为Jupyter Notebook安装必要的库

为了在 Jupyter Notebook 中编写和运行机器学习代码，需要安装必要的 Python 库。本书使用的 Python 库包括 pandas、numpy、matplotlib、seaborn、scipy、scikit-learn。如果按照上文内容安装了最新版本的 Anaconda，这些库可能已经安装好了；但旧版 Anaconda 可能没有完全安装。我们来通过 Anaconda Navigator 检查和安装这些库。

① 选择环境（Environment）

启动 Anaconda Navigator。❶选择"Environment"。

本书在默认的"base(root)"环境中安装库。

② 检查 pandas 的安装

❶选择"All"。❷在搜索框中输入"pandas"。❸出现"pandas"选项，左边的复选框已勾选，说明 Anaconda 已为我们安装了 pandas；如果没有，则点击复选框，表示将要安装。❹这时下方会出现"Apply"按钮，点击"Apply"按钮进行安装。

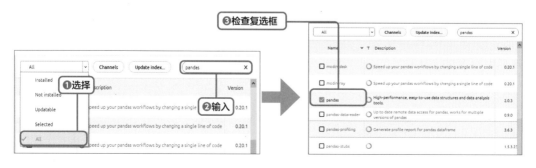

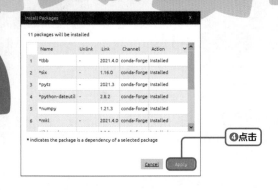

③ 检查 numpy 的安装

同上，在搜索框中输入"numpy"检索。如果没有安装，勾选后点击"Apply"按钮进行安装。

④ 检查 matplotlib 的安装

同上，在搜索框中输入"matplotlib"检索。如果没有安装，勾选后点击"Apply"按钮进行安装。

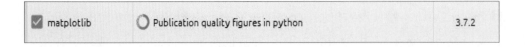

⑤ 检查 seaborn 的安装

同上，在搜索框中输入"seaborn"检索。如果没有安装，勾选后点击"Apply"按钮进行安装。

☑ seaborn	○ Statistical data visualization	0.12.2

⑥ 检查 scipy 的安装

同上，在搜索框中输入"scipy"检索。如果没有安装，勾选后点击"Apply"按钮进行安装。

| ☑ scipy | ○ Scientific library for python | 1.11.1 |

⑦ 检查 scikit-learn 的安装

同上，在搜索框中输入"scikit-learn"检索。如果没有安装，勾选后点击"Apply"按钮进行安装。

| ☑ scikit-learn | ○ A set of python modules for machine learning and data mining | 1.3.0 |

scikit-learn 是一个方便使用的机器学习库，适合初次接触机器学习的读者使用。其中包含了多种机器学习可用的样本数据集和算法，还能生成虚拟的样本数据。

启动Jupyter Notebook

接下来介绍从 Anaconda Navigator 启动 Jupyter Notebook 的过程。

①₋₁ Windows 中从开始菜单启动

❶点击任务栏的"开始"按钮，打开"开始"菜单。❷在程序列表中点击"Anaconda3"文件夹。❸在文件夹下选择"Anaconda Navigator"。

①-2 macOS 中从"应用程序"文件夹启动

打开"访达"（Finder）。❶在"应用程序"中双击"Anaconda-Navigator.app"。

② 启动 Jupyter Notebook

启动 Anaconda Navigator 后，❶ 确认是否已选择"Home"。❷ 找到 Jupyter Notebook，点击"Launch"。此时浏览器会自动启动 *，显示 Jupyter Notebook 画面。

※ 点击"Launch"后会启动系统默认的浏览器，Windows 下默认为 Microsoft Edge，macOS 下默认为 Safari。如果用户将其他浏览器（如 Chrome）设为默认浏览器，则启动相应的浏览器。

③ 选择操作文件夹

Jupyter Notebook 的画面中会显示电脑用户的个人文件夹。

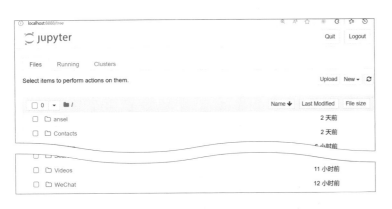

这就是 Jupyter Notebook

可以创建专用的文件夹，也可以选择已有的文件夹。

另外，还可以在 Jupyter Notebook 里创建文件夹。❶点击右上角的"New"菜单，❷选择其中的"Folder"。这样就为我们创建了一个名为"Untitled Folder"的文件夹。

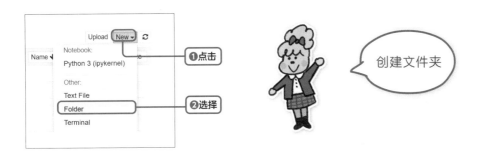

创建文件夹

想要修改文件夹的名称时，❸勾选"Untitled Folder"左边的复选框。❹点击左上角的"Reaname"按钮，出现对话框。❺输入新的文件夹名称，如"JupyterNotebook"。❻最后，点击对话框的"重命名"（或"Rename"）按钮。

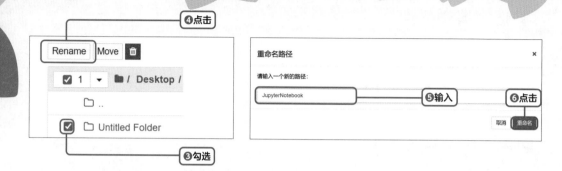

❼点击重命名之后的文件夹。❽可以看到文件夹在浏览器中打开的状态。

④ 新建Python 3的笔记本(Notebook)

文件夹现在是空的，我们来创建新的 Python 笔记本（Notebook）吧。

❶点击右上角的"New"菜单。❷选择其中的"Python 3 (ipykernel)"。
❸这样就创建了一个新的 Python 3 笔记本。在该页面上编写代码并执行。

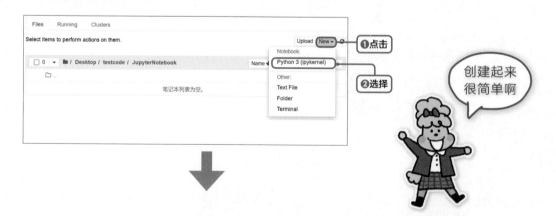

创建起来
很简单啊

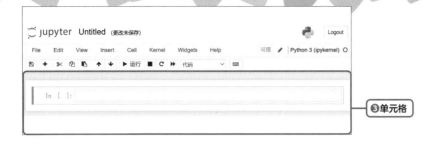

③单元格

新创建的笔记本名为"Untitled"。想要修改文件名时，❶点击页面上方的"Untitled"，出现对话框。❷在对话框中修改文件名，如"MLtest1"。❸修改后点击"Rename"。

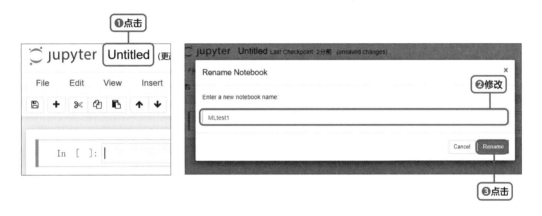

❶点击

❷修改

❸点击

 # Notebook的基本使用方法

接下来讲解 Notebook 的基本使用方法。在不同的云平台，Notebook 的界面可能会有一些区别，但功能是相同的。

用户在 Notebook 的"单元格"（cell）内输入代码，执行后的输出结果直接显示在单元格的下方。后续的代码可以在下面的单元格中继续添加。Jupyter Notebook 支持将长代码分开输入并执行，很适合数据分析、人工智能等"一边确认过程，一边思考，循序渐进"的编写模式。

① 在单元格中输入代码

Notebook 中显示的矩形框就是"单元格",我们在其中输入 Python 代码(见清单 1.1)。

【输入代码】清单 1.1

```
print("Hello")
```

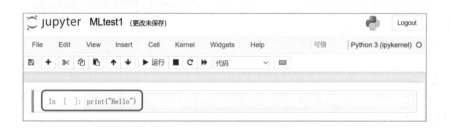

② 执行单元格

❶点击单元格上方的"Run"按钮,执行"选中的单元格",结果显示在单元格的下方。

输出结果

❶点击

※ 单元格左侧会由"In []"变为"In [1]"。该号码表示"打开 Notebook 后执行的第几个单元格",会随着执行而增大。

③ 添加新的单元格

❶点击"+"按钮可以在下方添加新的单元格。

④ 在单元格中输入代码并执行

输入清单 1.2 中的代码,点击"Run"按钮并执行。

【输入代码】清单 1.2

```
%matplotlib inline
import matplotlib.pyplot as plt
plt.plot([0,2,1,3])
plt.show()
```

输出结果

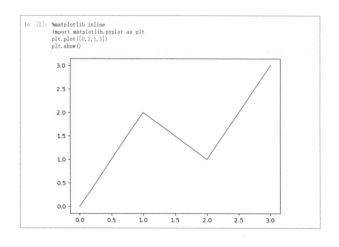

※ 第 1 行的 %matplotlib inline 是 Jupyter Notebook 专有命令,称为"魔术命令"(magic commands),用于执行特殊功能。

⑤ 保存 Notebook

❶从"File"菜单中选择"Save and Checkpoint",保存 Notebook 文件。保存后,即使关闭 Notebook 页面,下次打开之后还能继续运行。

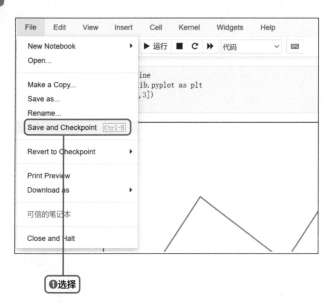

保存的文件格式为".ipynb",如刚才重命名的"MLtest1.ipynb"。用户可以将 Notebook 文件上传至 Google Colaboratory 或和鲸等云平台的存储空间,在云平台上执行文件,输出同样的结果。反过来,在云平台编写的 Notebook 文件也可以下载到本地执行,前提是本地的 Anaconda 环境安装了执行所需的库。

同一份".ipynb"文件在本地和云平台上都可以使用哦!

第 2 章
查看样本数据

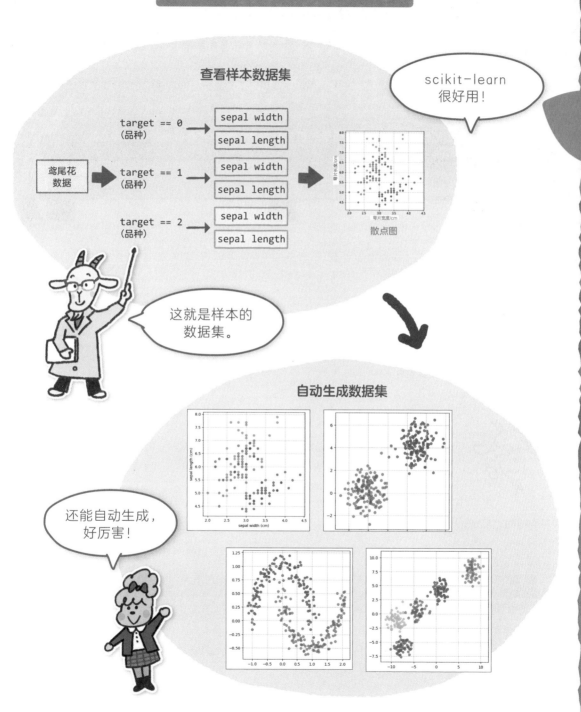

查看样本数据集

scikit-learn 很好用!

这就是样本的数据集。

自动生成数据集

还能自动生成,好厉害!

第4课

scikit-learn 样本数据集

scikit-learn 是较为简单的机器学习库，其中含有各种各样的样本数据集。

来看看机器学习中使用什么样的数据。首先从库中包含的机器学习所用的样本数据集来了解。

样本数据集？

scikit-learn 库中有各种各样的机器学习样本数据集和算法，还可以生成虚拟的样本数据呢。

真是无微不至呀。

首先，我们来看看有哪些类型的数据集可用。

scikit-learn 中有"波士顿的住宅价格""鸢尾花品种"等各种样本数据集，每种数据可以通过执行 < 变量 >=load_xxx() 来读取指定数据集的变量

样本数据集的种类

内 容	加载函数
波士顿的住宅价格	load_boston()
鸢尾花品种	load_iris()
手写数字数据	load_digits()
乳腺癌的阴性/阳性	load_breast_cancer()

内 容	加载函数
红酒的种类	load_wine()
运动水平数据集	load_linnerud()
糖尿病的进展情况	load_diabetes()

鸢尾花品种数据集

我们来看一下"鸢尾花品种"的数据集，其中包含鸢尾花的各种特征和鸢尾花的品种等各种数据。在机器学习中，可以通过鸢尾花的花瓣长度和宽度等特征量（解释型变量）预测"鸢尾花的品种"（目标变量）。

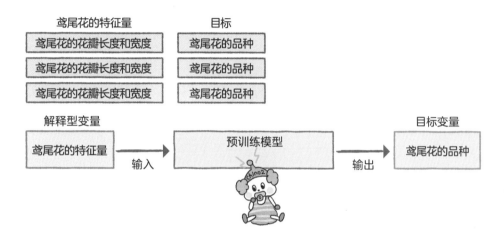

① 新建Notebook

先准备编写本章代码的 Notebook 文件。

启动 Jupyter Notebook 后，进入上一章保存 MLtest1.ipynb 文件的文件夹。❶点击"New"菜单。❷选择"Python3 (ipykernel)"。❸点击 Notebook 的标题"Untitled"。❹修改为"MLtest2"。

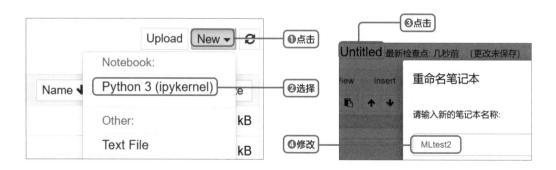

② 读取数据集并直接显示

　　读取数据集并直接显示，见清单 2.1。skikit-learn 库在 Python 中的模块名为 sklearn，第 1 行输入 from sklearn import datasets，调取 datasets 使用。第 2 行读取鸢尾花数据，存入变量 iris 中。第 3 行直接显示。

【输入代码】清单 2.1

```
from sklearn import datasets ·············调用sklearn模块中的dataset
iris = datasets.load_iris() ·············载入iris（鸢尾花）数据
print(iris) ·············显示
```

输出结果

```
{'data': array([[5.1, 3.5, 1.4, 0.2],
    [4.9, 3. , 1.4, 0.2],
    [4.7, 3.2, 1.3, 0.2],
    [4.6, 3.1, 1.5, 0.2],
    [5. , 3.6, 1.4, 0.2],
    [5.4, 3.9, 1.7, 0.4],
    （…略…）
    [5.9, 3. , 5.1, 1.8]]), 'target': array([0, 0, 0, 0, 0, 0, 0, 0, 0, 0, 0, 0, 0, 0, 0, 0, 0, 0, 0, 0, 0, 0, 0, 0, 0,
0, 0, 0, 0, 0, 0, 0, 0, 0, 0, 0, 0, 0, 0, 0, 0, 0, 0,
0, 0, 0, 0, 0, 0, 1, 1, 1, 1, 1, 1, 1, 1, 1, 1, 1, 1, 1, 1, 1, 1,
1, 1, 1, 1, 1, 1, 1, 1, 1, 1, 1, 1, 1, 1, 1, 1, 1, 1, 1, 1, 1,
1, 1, 1, 1, 1, 1, 1, 1, 1, 1, 1, 2, 2, 2, 2, 2, 2, 2, 2, 2, 2,
2, 2, 2, 2, 2, 2, 2, 2, 2, 2, 2, 2, 2, 2, 2, 2, 2, 2, 2,
2, 2, 2, 2, 2, 2, 2, 2, 2, 2, 2, 2, 2, 2, 2, 2]), 'target_names': array(['setosa', 'versicolor', 'virginica'], dt
    （…略…）
```

好复杂呀。

因为这是数据集，其中有很多不同种类的数据。

鸢尾花的数据集

数据名	内　容
data	训练数据
feature_names	特征量名称
target	目标值（分类值）
target_names	目标名称（分类名称）
DESCR	该数据集的说明（英文）

它包含了如此多的数据。

③ 确认特征量和分类的名称

该数据集中包含鸢尾花某品种的特征数据，来看有什么分类（见清单2.2）。第1~2行将输出"特征量名称"（feature_names）和"分类名称"（target_names）。

第3行将输出"分类值"（target），其中用0,1,2编号。编号表示的内容可以由 target_names 查看，0 表示 setosa，1 表示 versicolor，2 表示 virginica。

【输入代码】清单2.2

```
print("特征量名称=", iris.feature_names)
print("分类名称=", iris.target_names)
print("分类值=", iris.target)
```

输出结果

```
特征量名称 = ['sepal length (cm)', 'sepal width (cm)', 'petal length (cm)', 'petal width (cm)']
分类名称 = ['setosa' 'versicolor' 'virginica']
分类值 = [0 0 0 0 0 0 0 0 0 0 0 0 0 0 0 0 0 0 0 0 0 0 0 0 0 0 0 0 0 0 0 0 0 0 0 0
 0 0 0 0 0 0 0 0 0 0 0 0 1 1 1 1 1 1 1 1 1 1 1 1 1 1 1 1 1 1 1 1 1 1 1 1
 1 1 1 1 1 1 1 1 1 1 1 1 1 1 1 1 1 1 1 1 1 1 1 1 2 2 2 2 2 2 2 2 2 2 2 2
 2 2 2 2 2 2 2 2 2 2 2 2 2 2 2 2 2 2 2 2 2 2 2 2 2 2 2 2 2 2 2 2 2 2 2 2
 2 2]
```

特征量名称包含"sepal length"（萼片长度）、"sepal width"（萼片宽度）、"petal length"（花瓣长度）和"petal width"（花瓣宽度），单位均为厘米。

也就是说，包含鸢尾花的4个特征量。

分类名称包含"setosa""versicolor"和"virginica"。这就是数据中鸢尾花品种的名称。这意味着，该数据集是可以训练鸢尾花的3个品种分类的数据集。

第4课

三个品种

英文名	中文名	生长地带
setosa	山鸢尾	分布于日本北海道、美国阿拉斯加、中国吉林等
versicolor	变色鸢尾	分布于美国东部、加拿大东部
virginica	弗吉尼亚鸢尾	分布于美国东南部

④ 将数据存入DataFrame对象

为便于处理，我们将读取的数据存入 pandas 库提供的 DataFrame 对象（见清单2.3）。第1行调用 pandas 模块，第2行向 pd.DataFrame 中代入 iris. data，生成 DataFrame 对象。第3行的 head() 函数显示前5行，确认数据的内容。

【输入代码】清单2.3

```
import pandas as pd ·················调用pandas模块
df = pd.DataFrame(iris.data) ·········向DataFrame对象中代入iris.data
df.head() ·····························显示前5行
```

输出结果

	0	1	2	3
0	5.1	3.5	1.4	0.2
1	4.9	3.0	1.4	0.2
2	4.7	3.2	1.3	0.2
3	4.6	3.1	1.5	0.2
4	5.0	3.6	1.4	0.2

第1行的"0,1,2,3"是什么？

 第1行表示列（columns）的名称。由于事先没有命名，采用了编号作为名称，让人难以理解。我们接下来改成特征量名称（iris.feature_names）吧。从第2行开始出现小数点"5.1, 3.5, 1.4, 0.2"，这是真实数据。

每一行就代表一组鸢尾花的数据。

为便于理解，我们将一组鸢尾花的数据和该鸢尾花的品种合并起来，将目标数据（iris.target）添加为新的一列。其实不这么做也可以，这么做是为了更加直观。

⑤ 将列名设为特征量名称，将品种添加为target

见清单2.4。第1行设定列名，第2行将品种（target）添加为新的一列数据。第3行显示前5行，确认数据的内容。

【输入代码】清单2.4

```
df.columns = iris.feature_names  ……… 设定列名
df["target"] = iris.target  ……………… 添加target列
df.head()  ………………………………… 显示前5行
```

输出结果

	sepal length (cm)	sepal width (cm)	petal length (cm)	petal width (cm)	target
0	5.1	3.5	1.4	0.2	0
1	4.9	3.0	1.4	0.2	0
2	4.7	3.2	1.3	0.2	0
3	4.6	3.1	1.5	0.2	0
4	5.0	3.6	1.4	0.2	0

原来如此，但是target都是0呀。这代表鸢尾花的品种吧。

只显示了数据的前5行，恰好都是0。其实下面还有很多数据。

全都是数字，看不懂呀。

是啊。我们来把它绘制成更直观的直方图吧。

太好啦。

⑥ 绘制直方图（用不同颜色区分3个品种）

我们把鸢尾花的萼片宽度（sepal width）数据绘制成直方图，用不同颜色区分 3 个品种，来对比品种之间的差异。

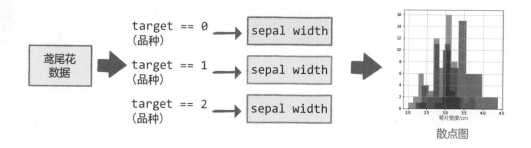

散点图

分别用不同颜色表示 3 个品种，见清单 2.5。target 的值为 0、1 和 2 的数据分别放入 df0、df1 和 df2 中。直方图的尺寸设置为 5×5（单位为英寸）。将要绘制的列名"sepal width (cm)"赋予变量 xx，用 df0[xx]、df1[xx] 和 df2[xx] 指定数据，绘制萼片宽度的直方图。df0、df1 和 df2 的颜色分别设为蓝色（b）、红色（r）和绿色（g），并设置半透明效果（alpha=0.5），以使它们能够重叠显示。最后，用 plt.show() 显示重叠绘制的直方图。

【输入代码】清单 2.5

```
%matplotlib inline
import matplotlib.pyplot as plt


# 把3个品种分别放入各自的DataFrame中
# target值为0、1和2的数据分别放入df0、df1和df2
df0 = df[df["target"]==0]
df1 = df[df["target"]==1]
df2 = df[df["target"]==2]


# 在直方图中分别用不同颜色绘制3个品种
# 用萼片宽度绘制直方图
plt.figure(figsize=(5, 5))
```

```
xx = "sepal width (cm)"                     以"sepal width (cm)"为对象
df0[xx].hist(color="b",alpha=0.5)      绘制蓝色直方图
df1[xx].hist(color="r",alpha=0.5)      绘制红色直方图
df2[xx].hist(color="g",alpha=0.5)      绘制绿色直方图
plt.xlabel(xx)              设置图表X轴标签
plt.show()
```

※ 第1行的 %matplotlib inline 是 Jupyter Notebook 专有命令，称为"魔术命令"(magic command)。
※ 以 # 开头的行是用于解释代码的注释行，可以不写。

输出结果

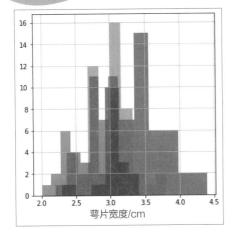

哇！绘制成直方图后一目了然，红色、绿色和蓝色的峰值分别错开了。

所以说，观察萼片宽度就可以看出品种的区别了。但是重叠部分很多，区分得不是很明确。

是啊，能再分开一些就好了。

既然1个特征量区分得不是很明显，我们来使用2个特征量试一试。

什么？

⑦ 绘制散点图（用不同颜色区分3个品种）

我们利用两个特征量绘制散点图，从二维图表上观察品种之间的区别。绘制散点图的函数为 plt.scatter()。

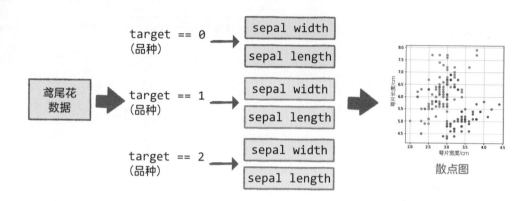

散点图

现在以萼片宽度为横轴，以萼片长度为纵轴绘制散点图（见清单2.6）。直接调用清单2.5中生成的 df0、df1 和 df2，重叠绘制蓝色、红色、绿色的散点图。

【输入代码】清单2.6

```
# 用 "萼片宽度" 和 "萼片长度" 绘制散点图
xx = "sepal width (cm)"                以 "sepal width (cm)" 为第一个对象
yy = "sepal length (cm)"               以 "sepal length (cm)" 为第二个对象
plt.figure(figsize=(5, 5))
plt.scatter(df0[xx], df0[yy], color="b", alpha=0.5)      绘制蓝色散点图
plt.scatter(df1[xx], df1[yy], color="r", alpha=0.5)      绘制红色散点图
plt.scatter(df2[xx], df2[yy], color="g", alpha=0.5)      绘制绿色散点图
plt.xlabel(xx)           设置图表x轴标签
plt.ylabel(yy)           设置图表y轴标签
plt.grid()
plt.show()
```

输出结果

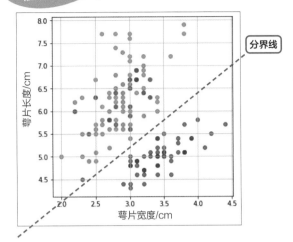

好厉害！看出分界线了。数据分成"蓝色"和"红色＋绿色"两部分。用一道斜线就能区分开来了。

使用2个特征量相当于把数据看作二维的，更容易找到分界线。

好神奇。但是红色和绿色混在一起了，有点可惜呀。

呵呵呵。那我们用3个特征量来绘制三维图表吧。

什么！

⑧ 绘制三维散点图（用不同颜色区分3个品种）

使用3个特征量绘制三维散点图，通过三维图表观察不同品种之间的区别。

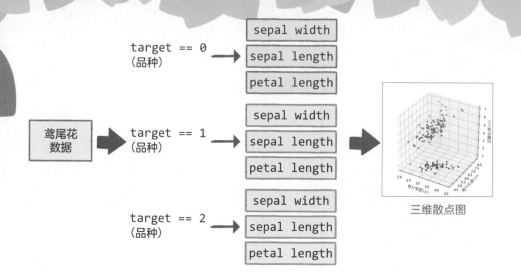

三维散点图

绘制三维散点图同样是使用 scatter() 函数。不同的是，这次要额外定义一个坐标轴对象 ax，并指定参数 "projection="3d"" 说明它是三维空间的投影，然后使用 ax.scatter() 函数绘制三维散点图（见清单 2.7）。

现在我们使用 "萼片宽度" "萼片长度" 和 "花瓣长度" 3 个特征量。仍然调用清单 2.5 中生成的 df0、df1 和 df2，重叠绘制蓝色、红色、绿色的散点图。

【输入代码】清单 2.7

```
from mpl_toolkits.mplot3d import Axes3D
# 用萼片宽度、萼片长度和花瓣长度绘制三维散点图
xx = "sepal width (cm)" ·········以 "sepal width (cm)" 为第1个对象
yy = "sepal length (cm)" ·········以 "sepal length (cm)" 为第2个对象
zz = "petal length (cm)" ·········以 "pedal length (cm)" 为第3个对象
fig = plt.figure(figsize=(5, 5)))
ax = fig.add_subplot(projection="3d")
ax.scatter(df0[xx], df0[yy], df0[zz], color="b") ······绘制蓝色散点图
ax.scatter(df1[xx], df1[yy], df1[zz], color="r") ······绘制红色散点图
ax.scatter(df2[xx], df2[yy], df2[zz], color="g") ······绘制绿色散点图
ax.set_xlabel(xx) ·················设置图表x轴标签
ax.set_ylabel(yy) ·················设置图表y轴标签
ax.set_zlabel(zz) ·················设置图表z轴标签
plt.show()
```

输出结果

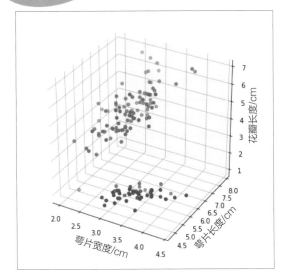

三维图表！好棒！但红色和绿色还是混在了一起。

这种情况下，图表的视角很重要。改变视角也许就能看出分界线了，用函数ax.view_init(<纵向角度>，<横向角度>)来改变视角吧（见清单2.8）。

【输入代码】清单2.8

```
fig = plt.figure(figsize=(5, 5)))
ax = fig.add_subplot(projection="3d")
ax.scatter(df0[xx], df0[yy], df0[zz], color="b")
ax.scatter(df1[xx], df1[yy], df1[zz], color="r")
ax.scatter(df2[xx], df2[yy], df2[zz], color="g")
ax.set_xlabel(xx)
ax.set_ylabel(yy)
ax.set_zlabel(zz)
ax.view_init(0, 240) ··············改变视角
plt.show()
```

第4课

输出结果

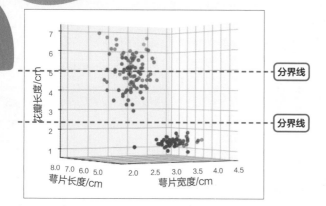

分界线

分界线

转过来就看到了！

从这个角度观察，就能为3个品种画出分界线了。

视角果然很重要呢。

不仅如此，改变视角还能把三维散点图显示成二维散点图（见清单2.9）。

【输入代码】清单2.9

```
ax = Axes3D(plt.figure(figsize=(5, 5)))
ax = fig.add_subplot(projection="3d")
ax.scatter(df0[xx], df0[yy], df0[zz], color="b")
ax.scatter(df1[xx], df1[yy], df1[zz], color="r")
ax.scatter(df2[xx], df2[yy], df2[zz], color="g")
ax.set_xlabel(xx)
ax.set_ylabel(yy)
ax.set_zlabel(zz)
ax.view_init(90, 270) ············改变视角
plt.show()
```

输出结果

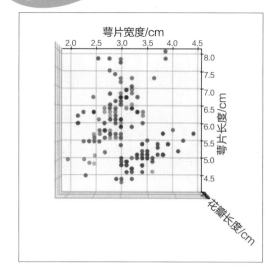

第 4 课

哇，跟二维散点图一模一样。

当你认为某些问题难以解决时，换一个视角可能就会发现解决办法。

这句话真是意味深长啊。

第 5 课

自动生成样本数据集

scikit-learn 还能自动生成虚拟的样本数据。下面来了解各种自动生成方法吧。

鸢尾花品种数据是真实的数据集，我们还能自动生成数据集。

自动生成？

指定参数，就可以自动生成想要的虚拟样本数据了。

真有意思~

　　自动生成虚拟的样本数据的函数形式一般为 < 变量 x>,< 变量 y>=make_xxxx()，例如：

- · 用于分类的数据集（聚类形）：make_blobs(< 参数 >)。
- · 用于分类的数据集（月牙形）：make_moons(< 参数 >)。
- · 用于分类的数据集（双环形）：make_circles(< 参数 >)。
- · 用于分类的数据集（同心圆形）：make_gaussian_quantilies(< 参数 >)。
- · 用于回归的数据集：make_regression(< 参数 >)。

自动生成用于分类的数据集（聚类形）

　　使用 make_blobs() 函数可以自动生成分为多个聚类的数据集。

可以调整的参数包括数据个数（n_samples）、特征量个数（n_features）、聚类个数（centers）、聚类的标准差（cluster_std）等，函数返回特征量 X 及相关的分类（目标变量）y[1]。

自动生成数据集十分方便，但是每次完全随机变化也会产生问题。每次执行函数都会生成一组完全不同的随机数据，会使得机器学习的训练结果发生变化，让人分不清是数据的问题还是训练方法的问题。

此时，如果每次都是相同的随机数据，则可以作为测试数据使用。能做到这一点的参数就是 random_state。random_state 是随机生成的起始状态所需的"种子"，只要它的值固定了，每次都能生成相同的随机数据。

- random_state：随机生成的种子编号。
- n_samples：数据个数。
- n_features：特征量个数。
- centers：聚类个数。
- cluster_std：聚类的标准差。

① 生成2个聚类的数据

设随机种子为"3"，生成 2 个特征量、2 个聚类、标准差为 1、300 个点的数据集（见清单 2.10）。

【输入代码】清单 2.10

```
from sklearn.datasets import make_blobs
import pandas as pd

X, y = make_blobs(random_state=3, ················随机种子为3
                  n_features=2, ················2个特征量
                  centers=2, ················2个聚类
                  cluster_std=1, ················标准差为1
                  n_samples=300) ················300个点
```

---

[1] 特征量在大多数时候是二维及以上的矩阵，在代码里以大写字母 X 表示（国内数学教材通常以粗斜体字母 X 表示）；目标变量是一维矩阵，在代码里以小写字母 y 表示（数学教材以粗斜体字母 y 表示）。

```
# 用特征量（X）生成DataFrame对象，并将分类（y）追加为target列
df = pd.DataFrame(X) ·············生成DataFrame对象
df["target"] = y·················y追加为target列
df.head()
```

输出结果

	0	1	target
0	-5.071794	-1.364393	1
1	-3.174364	-1.145104	1
2	0.818543	5.937601	0
3	-4.338424	-2.055692	1
4	-3.887373	-0.436586	1

将该数据以特征量 0 为横轴、特征量 1 为纵轴，以 target 值区分不同颜色，绘制散点图（见清单 2.11）

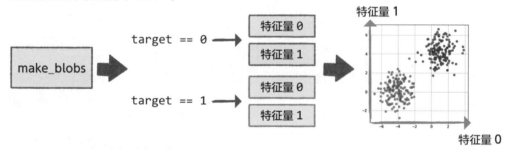

【输入代码】清单 2.11

```
%matplotlib inline
import matplotlib.pyplot as plt


# 将不同分类的数据放入各自的DataFrame中
df0 = df[df["target"]==0]
df1 = df[df["target"]==1]
# 分别用分类0和分类1绘制蓝色和红色散点图
plt.figure(figsize=(5, 5))
plt.scatter(df0[0], df0[1], color="b", alpha=0.5) ····绘制蓝色散点图
plt.scatter(df1[0], df1[1], color="r", alpha=0.5) ····绘制红色散点图
plt.grid()
plt.show()
```

输出结果

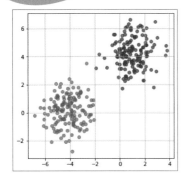

② 生成3个聚类的数据

同样条件下，生成 3 个聚类的数据集，绘制散点图（见清单 2.12）。target 有 3 种，所以选用 3 种颜色绘图。

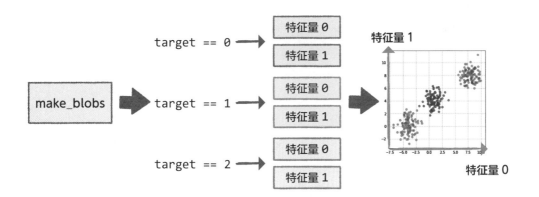

【输入代码】清单 2.12

```
X, y = make_blobs(random_state=3, ……随机种子为3
                  n_features=2, ………2个特征量
                  centers=3, …………3个聚类
                  cluster_std=1, ……标准差为1
                  n_samples=300) ……300个点
```

```
# 用特征量X生成DataFrame对象，并将y追加为target列
df = pd.DataFrame(X)
```

```
df["target"] = y
# 将不同分类的数据放入各自的DataFrame中
df0 = df[df["target"]==0]
df1 = df[df["target"]==1]
df2 = df[df["target"]==2]
# 分别用分类0、分类1和分类2绘制蓝色、红色和绿色散点图
plt.figure(figsize=(5, 5))
plt.scatter(df0[0], df0[1], color="b", alpha=0.5) ·····绘制蓝色散点图
plt.scatter(df1[0], df1[1], color="r", alpha=0.5) ·····绘制红色散点图
plt.scatter(df2[0], df2[1], color="g", alpha=0.5) ·····绘制绿色散点图
plt.grid()
plt.show()
```

输出结果

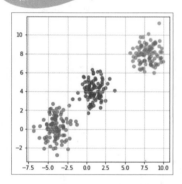

③ 生成5个聚类的数据

同样条件下，生成 5 个聚类的数据集，绘制散点图（见清单 2.13）。

【输入代码】清单 2.13

```
X, y = make_blobs(random_state=3, ······随机种子为3
                  n_features=2, ········2个特征量
                  centers=5, ··········5个聚类
                  cluster_std=1, ······标准差为1
                  n_samples=300) ······300个点
# 用特征量X生成DataFrame对象，并将y追加为target列
```

```
df = pd.DataFrame(X)
df["target"] = y
# 将不同分类的数据放入各自的DataFrame中
df0 = df[df["target"]==0]
df1 = df[df["target"]==1]
df2 = df[df["target"]==2]
df3 = df[df["target"]==3]
df4 = df[df["target"]==4]
# 分别用分类0、分类1、分类2、分类3和分类4
# 绘制蓝色、红色、绿色、洋红色和青色散点图
plt.figure(figsize=(5, 5))
plt.scatter(df0[0], df0[1], color="b", alpha=0.5) ···绘制蓝色散点图
plt.scatter(df1[0], df1[1], color="r", alpha=0.5) ···绘制红色散点图
plt.scatter(df2[0], df2[1], color="g", alpha=0.5) ···绘制绿色散点图
plt.scatter(df3[0], df3[1], color="m", alpha=0.5) ···绘制洋红色散点图
plt.scatter(df4[0], df4[1], color="c", alpha=0.5) ···绘制青色散点图
plt.grid()
plt.show()
```

输出结果

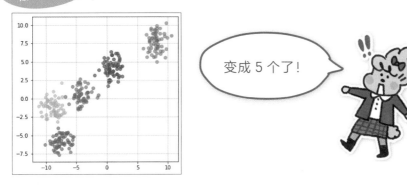

变成 5 个了!

 自动生成用于分类的数据集（月牙形）

使用 make_moons() 函数可以自动生成月牙形聚类的数据集，这种数据集无法用直线分割。

可调整的参数包括数据个数（n_samples）、噪声（noise）等，指定随机生成的种子编号（random_state）还能使每次生成的随机形态都相同。

- random_state: 随机生成的种子编号。
- n_sample: 数据个数。
- noise: 噪声。

① 生成噪声为0.1的数据

设随机的种子为"3"，生成噪声为 0.1、300 个点的月牙形数据集（见清单 2.14）。

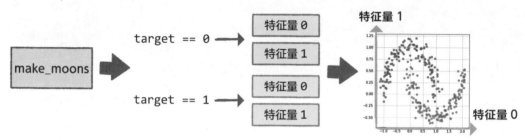

【输入代码】清单 2.14

```
from sklearn.datasets import make_moons
X, y = make_moons(random_state=3, ·················随机种子3
                  noise=0.1, ·····················噪声0.1
                  n_samples=300) ················300个点


# 用特征量X生成DataFrame对象，并将y追加为target列
df = pd.DataFrame(X)
df["target"] = y
# 将不同分类的数据放入各自的DataFrame中
df0 = df[df["target"]==0]
df1 = df[df["target"]==1]
# 分别用分类0和分类1绘制蓝色和红色散点图
plt.figure(figsize=(5, 5))
plt.scatter(df0[0], df0[1], color="b", alpha=0.5) ····绘制蓝色散点图
plt.scatter(df1[0], df1[1], color="r", alpha=0.5) ····绘制红色散点图
plt.grid()
plt.show()
```

输出结果

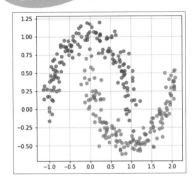

② 生成噪声为0的数据

同样条件下，生成噪声为0的月牙形数据集（见清单2.15）。没有噪声，所以数据没有偏差。

【输入代码】清单2.15

```
X, y = make_moons(random_state=3, ················随机种子3
                  noise=0, ···························噪声0
                  n_samples=300) ·················300个点
```

```
# 用特征量X生成DataFrame对象，并将y追加为target列
df = pd.DataFrame(X)
df["target"] = y
# 将不同分类的数据放入各自的DataFrame中
df0 = df[df["target"]==0]
df1 = df[df["target"]==1]
# 分别用分类0和分类1绘制蓝色和红色散点图
plt.figure(figsize=(5, 5))
plt.scatter(df0[0], df0[1], color="b", alpha=0.5) ····绘制蓝色散点图
plt.scatter(df1[0], df1[1], color="r", alpha=0.5) ····绘制红色散点图
plt.grid()
plt.show()
```

输出结果

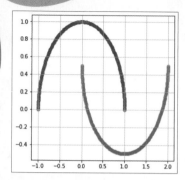

③ 生成噪声为0.3的数据

同样条件下，生成噪声为 0.3 的月牙形数据集（见清单 2.16）。噪声增大了，所以数据的偏差也相应增大。

【输入代码】清单 2.16

```
X, y = make_moons(random_state=3, ······随机种子3
                  noise=0.3, ············噪声0.3
                  n_samples=300) ······300个点
```

```
# 用特征量X生成DataFrame对象，并将y追加为target列
df = pd.DataFrame(X)
df["target"] = y
# 将不同分类的数据放入各自的DataFrame中
df0 = df[df["target"]==0]
df1 = df[df["target"]==1]
# 分别用分类0和分类1绘制蓝色和红色散点图
plt.figure(figsize=(5, 5))
plt.scatter(df0[0], df0[1], color="b", alpha=0.5) ····绘制蓝色散点图
plt.scatter(df1[0], df1[1], color="r", alpha=0.5) ····绘制红色散点图
plt.grid()
plt.show()
```

第5课

输出结果

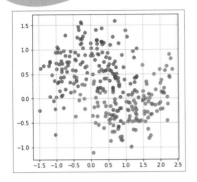

 自动生成用于分类的数据集（双环形）

使用 make_circles() 函数可以自动生成双环形数据集，它也是一种无法用直线分割的数据集。

可调整的参数包含数据个数（n_samples）、噪声（noise）等，指定随机生成的种子编号（random_state）还能使每次生成的随机形态都相同。

- random_state：随机生成的种子编号。
- n_samples：数据个数。
- noise：噪声。

生成噪声为0.1的数据

假设随机的种子为"3"，生成噪声为 0.1、有 300 个点的双环形数据集（见清单 2.17）。

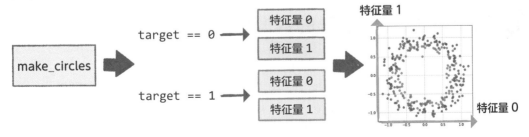

【输入代码】清单 2.17

```
from sklearn.datasets import make_circles
X, y = make_circles(random_state=3,···随机种子3
                    noise = 0.1,······噪声0.1
                    n_samples=300)····300个点

# 用特征量X生成DataFrame对象，并将y追加为target列
df = pd.DataFrame(X)
df["target"] = y
# 将不同分类的数据放入各自的DataFrame中
df0 = df[df["target"]==0]
df1 = df[df["target"]==1]
# 分别用分类0和分类1绘制蓝色和红色散点图
plt.figure(figsize=(5, 5))
plt.scatter(df0[0], df0[1], color="b", alpha=0.5)····绘制蓝色散点图
plt.scatter(df1[0], df1[1], color="r", alpha=0.5)····绘制红色散点图
plt.grid()
plt.show()
```

输出结果

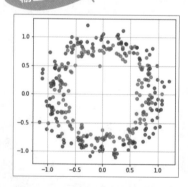

变成双环形了！

自动生成用于分类的数据集（同心圆形）

使用 make_gaussian_quantilies() 函数可以自动生成同心圆形数据集，它也是一种无法用直线分割的数据集。

可调整的参数包括数据个数（n_samples）、特征量个数（n_features）、

分类个数（n_classes）等，指定随机生成的种子编号（random_state）还能使每次生成的随机形态都相同。

- random_state：随机生成的种子编号。
- n_samples：数据个数。
- n_features：特征量个数。
- n_classes：分类个数。

生成3个分类的同心圆形数据

设随机种子为"3"，生成2个特征量、3个分类、300个点的同心圆数据集（见清单2.18）。

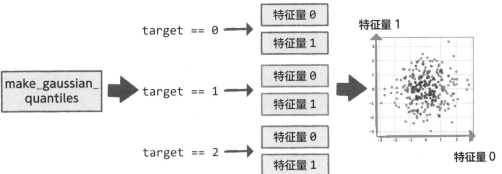

【输入代码】清单2.18

```
from sklearn.datasets import make_gaussian_quantiles
X, y = make_gaussian_quantiles(random_state=3,·········随机种子3
                               n_features=2,··········2个特征量
                               n_classes=3,···········3个分类
                               n_samples=300)·········300个点
```

```
# 用特征量X生成DataFrame对象，并将y追加为target列
df = pd.DataFrame(X)
df["target"] = y
# 将不同分类的数据放入各自的DataFrame中
df0 = df[df["target"]==0]
df1 = df[df["target"]==1]
df2 = df[df["target"]==2]
```

分别用分类0、分类1和分类2绘制蓝色、红色和绿色散点图

```
plt.figure(figsize=(5, 5))
plt.scatter(df0[0], df0[1], color="b", alpha=0.5) ····绘制蓝色散点图
plt.scatter(df1[0], df1[1], color="r", alpha=0.5) ····绘制红色散点图
plt.scatter(df2[0], df2[1], color="g", alpha=0.5) ····绘制绿色散点图
plt.grid()
plt.show()
```

输出结果

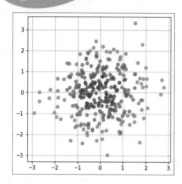

 ## 自动生成用于回归的数据集

使用 make_regression() 可以自动生成用于回归的数据集。

可调整的参数包括数据个数（n_samples）、特征量个数（n_features）、噪声（noise）、回归线在 y 轴的截距（bias）等，指定随机生成的种子编号（random_state）还能使每次生成的随机形态都相同。

- random_state：随机生成的种子编号。
- n_samples：数据个数。
- n_features：特征量个数。
- noise：噪声。
- bias：y 轴截距。

① 生成噪声为10、当X为0时y轴截距为100的直线数据集

设随机种子为"3"，生成 1 个特征量、噪声为 10、当 X 为 0 时 y 轴截距为 100、300 个点的直线数据集（见清单 2.19）。

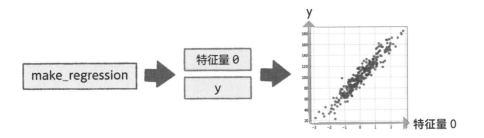

【输入代码】清单2.19

```
from sklearn.datasets import make_regression
X, y = make_regression(random_state=3,·········随机种子3
                       n_features=1,··········1个特征量
                       noise=10,···············噪声为10
                       bias = 100,·············y轴截距为100
                       n_samples=300)··········300个点
# 用特征量X生成DataFrame对象
df = pd.DataFrame(X)
# 绘制 "特征量0" 和 "y" 的散点图
plt.figure(figsize=(5, 5))
plt.scatter(df[0], y, color="b", alpha=0.5)············绘制蓝色散点图
plt.grid()
plt.show()
```

输出结果

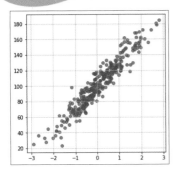

②**生成噪声为0、当X为0时y轴截距为100的直线数据集**

同样条件下，生成噪声为 0 的直线数据集（见清单 2.20）。

【输入代码】清单 2.20

```
from sklearn.datasets import make_regression
X, y = make_regression(random_state=3, ················随机种子3
                       n_features=1, ···········1个特征量
                       noise=0, ·················噪声为0
                       bias = 100, ·············y轴截距为100
                       n_samples=300) ·············300个点

# 用特征量X生成DataFrame对象
df = pd.DataFrame(X)
# 绘制"特征量0"和"y"的散点图
plt.figure(figsize=(5, 5))
plt.scatter(df[0], y, color="b", alpha=0.5) ············绘制蓝色散点图
plt.grid()
plt.show()
```

输出结果

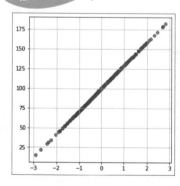

自动生成功能可以生成直观的数据集，我们在训练和测试机器学习模型时都可以用到。

我们按顺序学习
机器学习的原理吧!

还有顺序?

对,一定要按照
步骤来进行。

不能光读取
数据吗?

没错,要在准备数据的
基础上区分训练数据和
测试数据。

训练数据   测试数据

然后选择模型来训练,
测试后赋予新值
来预测……

哇!
好难!

只要按步骤循序渐进
就不难。

这样啊!

那我们来看看
顺序吧!

好!

准备好样本数据!

划分训练数据和
测试数据!

准备数据

将训练数据和测试数据划分开来

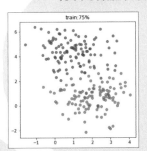

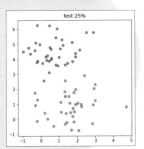

绘制成清晰
易懂的图表

训练及预测

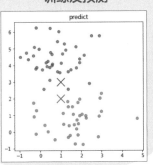

将分类可视化

图表很容易明白!

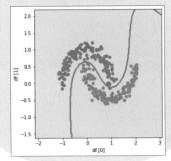

第6课

准备数据

来体验机器学习的步骤吧。数据是最重要的，所以第一步是准备数据。

终于要体验机器学习的编程了。我们围绕机器学习中比较直观的有监督学习来讲解。

机器学习！会用到螺丝钉和齿轮之类的吧。

不会的。机器学习的方法跟我们人类学习很相似。

是吗？

和学校的考试很相像，应试就是在做题中训练。机器学习也是一样，通过做很多题来训练。

人工智能也要刷题呀。

刷完题目之后，还要通过考试来评估理解的能力，通过测试成绩判断训练的好与坏。

人工智能也要参加考试啊，好可怜……

但是计算机很擅长重复工作，再多的知识也只要一眨眼就学会啦。

啊，真好呀，好羡慕。

机器学习的顺序如下：

① 准备数据
② 划分训练数据和测试数据
③ 选择模型来训练
④ 测试模型
⑤ 赋予新值并预测

实际上，重复①～④的过程并反复调整，就能逐渐形成可用的人工智能。我们来简单地看一遍流程，一起体验"为两种事物分类的学习"。

好兴奋！

① 新建Notebook文件

先准备编写本章代码的 Notebook 文件。

启动 Jupyter Notebook 后，进入上一章保存 Notebook 的文件夹，新建 Notebook。❶点击标题"Untitled"。❷修改为"MLtest3"。

② 开始尝试

作为机器学习的例子，我们来尝试将两种事物分类的学习。先准备必要的数据，越简单越好。我们通过自动生成来准备数据。

为了将事物分为两种，我们用make_blobs函数自动生成可分为两个聚类（分类）的数据。将特征量设为 2 个（见清单 3.1），这样就可以简单通过二维散点图确认数据状态了。进一步，设偏差为 1，数据个数为 300。为了生成每次相同的随机数据，设随机种子数为"0"。

 【输入代码】清单 3.1

```
from sklearn.datasets import make_blobs
# 随机种子数为0，2个特征量，2个聚类，偏差为1，300个数据的数据集
X, y = make_blobs(random_state=0,……随机种子为0
                  n_features=2,………2个特征量
                  centers=2,  …………2个聚类
                  cluster_std=1,……偏差为1
                  n_samples=300) ……300个点
```

执行 make_blobs 函数后生成 2 个聚类（分类）的数据，返回 2 个变量，分别是特征量 X 和分类 y。用特征量生成 DataFrame 对象（见清单 3.2），将分类（y）追加到 DataFrame 中，从而能够区分每一行数据属于哪个分类。然后显示前 5 行，检查一下数据。

【输入代码】清单 3.2

```
import pandas as pd
# 用特征量（X）生成DataFrame对象，并将分类（y）追加为target列
df = pd.DataFrame(X)
df["target"] = y
df.head()
```

输出结果

	0	1	target
0	3.359415	5.248267	0
1	2.931100	0.782556	1
2	1.120314	5.758061	0
3	2.876853	0.902956	1
4	1.666088	5.605634	0

结果显示，前 5 行的 target 依次为 0,1,0,1,0……这就是各个数据的分类。

我们通过可视化手段确认数据的分布，绘制散点图（见清单 3.3）。先将数据按照分类（target）为 0 或 1 来选择放入 DataFrame 对象 df0 或 df1，然后重叠绘制散点图，并用颜色区分它们。df0 用蓝色（b）表示，df1 用红色（r）表示，并设为半透明（alpha=0.5）。

【输入代码】清单 3.3

```
import matplotlib.pyplot as plt
%matplotlib inline

# 将不同分类的数据分别代入各自的DataFrame对象
df0 = df[df["target"]==0]
df1 = df[df["target"]==1]
# 分别将分类0和分类1绘制成蓝色和红色散点图
plt.figure(figsize=(5, 5))
plt.scatter(df0[0], df0[1], color="b", alpha=0.5) ····绘制蓝色散点图
plt.scatter(df1[0], df1[1], color="r", alpha=0.5) ····绘制红色散点图
plt.show()
```

输出结果

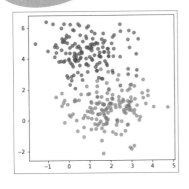

你看，这就生成了方便区分蓝色和红色的数据。接下来就开始编写为其分类的机器学习吧。

但是，中间有一小部分混在一起了。

如果能明确区分开来就太简单了。这里有意加入了适当的偏差，令两个分类稍微混在一起。

也就是说，出一道有难度的题，看计算机怎么算喽。

第6课

第 7 课

划分训练数据和测试数据

机器学习需要将数据划分为训练用途和测试用途两部分，用训练数据来训练模型，用测试数据测试训练效果。

进行机器学习时，要划分出训练数据和测试数据。数据不能全部用于训练，要保留一部分不用。

不全部使用？

如果所有数据都拿来训练，就不能区分是在死记硬背数据还是确实学会了。

什么意思呢？

比如，双叶同学要在学校考试，但因为没有时间，只死记硬背了一部分习题。如果正好试题都是背过的，你考了 80 分，但这能说明你都学会了吗？

考了 80 分已经很厉害了呀！

但是这些知识对你的将来有用吗？

虽然当时很开心，但是对将来肯定没用。

对吧。即使你当时取得了好成绩，但并没有掌握应用知识的能力。机器学习也是同样的道理。我们希望机器学习具备接收新数据时能做出正确判断的应用能力，而不是记住已有数据。

对哦，人工智能要回答的是人类提出的新问题。

所以我们要划分训练数据和测试数据，检查其是否具备应用能力。比如，一共有100道题，就分为75道题和25道题。

75道题和25道题？

为了防止问题顺序影响训练效果，还要打乱顺序后划分。划分后，先用75道题训练，结束以后用剩下的25道题来测试。要具备一定的应用能力才能取得好成绩。

原来如此。

如果成绩不好，可以通过改变训练方法，或者修改问题重新训练。训练以后重新测试……在反复的过程中就能具备能够做出正确判断的应用能力。

人工智能也不容易啊。

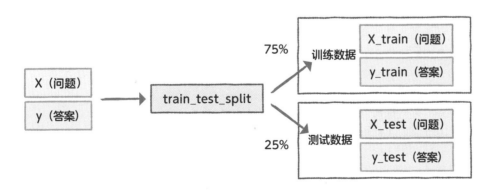

下面，我们将自动生成的数据划分为训练数据和测试数据。

将特征量（解释型变量）X 和分类（目标变量）y 的数据划分为训练数据和测试数据。

划分数据所用的函数为 train_test_split，将 X 和 y 赋给函数。为防止每次发生变化，将随机种子固定为"0"。用法如下。

数据划分的格式

```
X_train, X_test, y_train, y_test =
    train_test_split(X, y, random_state=0)
```

执行函数后，X 和 y 成对随机打乱，75% 作为训练数据，25% 作为测试数据，从函数中返回。

- X_train：训练数据的问题（解释型变量）。
- y_train：训练数据的答案（目标变量）。
- X_test：测试数据的问题（解释型变量）。
- y_test：测试数据的答案（目标变量）。

接下来进行划分的操作，并绘制散点图确认数据划分的状态（见清单 3.4）。

【输入代码】清单 3.4

```
# 划分训练数据和测试数据
from sklearn.model_selection import train_test_split
X_train, X_test, y_train, y_test = train_test_split(X, y,
    random_state=0)·····数据分割
```

```
# 用训练使用的特征量（X_train）生成DataFrame对象，将分类（y_train）追加
    为target列
df = pd.DataFrame(X_train) ·························生成训练数据的DataFrame
df["target"] = y_train
# 将不同分类的数据分别代入各自的DataFrame对象
df0 = df[df["target"]==0]
df1 = df[df["target"]==1]
plt.figure(figsize=(5, 5))
# 分别将分类0和分类1绘制成蓝色和红色散点图
plt.scatter(df0[0], df0[1], color="b", alpha=0.5) ·····绘制蓝色散点图
```

```
plt.scatter(df1[0], df1[1], color="r", alpha=0.5)  ···· 绘制红色散点图
plt.title("train:75%")
plt.show()
```

\# 用测试使用的特征量（X_test）生成DataFrame对象，将分类（y_test）追加为 target列

```
df = pd.DataFrame(X_test)  ················· 生成测试数据的DataFrame
df["target"] = y_test
```

\# 将不同分类的数据分别代入各自的DataFrame对象

```
df0 = df[df["target"]==0]
df1 = df[df["target"]==1]
plt.figure(figsize=(5, 5))
```

\# 分别将分类0和分类1绘制成蓝色和红色散点图

```
plt.scatter(df0[0], df0[1], color="b", alpha=0.5)  ···· 绘制蓝色散点图
plt.scatter(df1[0], df1[1], color="r", alpha=0.5)  ···· 绘制红色散点图
plt.title("test:25%")
plt.show()
```

输出结果

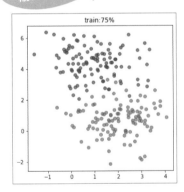
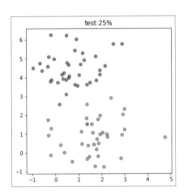

原来如此。75%和25%的点数不同，仔细看看，位置也略有不同呢。但整体上蓝色和红色的位置很相似。

即使记住了75%的点的位置，剩余的25%的位置并不完全相同，所以死记硬背也未必能考出好成绩。但只要理解了划分方式的规律，应该就可以考出高分了。

第8课

选择模型进行训练

准备好数据后，可以开始选择模型进行训练。虽然准备工作很复杂，但训练就是一眨眼的事情。

准备好训练数据后，总算要接触机器学习的主体了。这就是模型。模型相当于会学习的盒子，里面装着实现高效训练的学习方法。我们把训练数据交给这个模型。

快点学会吧。

学习方法有很多种类，正式的称呼是"算法"。

算法？

scikit-learn 中包含各种各样的机器学习算法，只要挑选使用就可以了。

太方便了。

我们会在第4章重点介绍算法的种类。现在，我们尝试使用其中的 SVM（support vector machine，支持向量机）。

好的！

其实，真正的训练过程非常之短，除去调用模块的部分，代码只有3行（见清单3.5），由创建模型和用 fit 函数将数据输入模型进行训练两个步骤组成。把刚才生成的训练数据中的问题（X_train）和答案（y_train）传递给 fit 函数。最后，可以用 get_params 函数观察训练的一些参数。

【输入代码】清单 3.5

```python
from sklearn import svm
# 创建支持向量机（SVM）模型
model = svm.SVC()
# 代入训练数据进行训练
model.fit(X_train, y_train)
# 查看训练参数
model.get_params()
```

输出结果

```
SVC(C=1.0, break_ties=False, cache_size=200, class_weight=None,
    coef0=0.0, decision_function_shape='ovr', degree=3,
    gamma='scale', kernel='rbf', max_iter=-1,
    probability=False, random_state=None, shrinking=True,
    tol=0.001, verbose=False)
```

好的。输出报告说："我用参数完成训练了。"训练到此结束。

什么！这就结束了？学得好快。要是我能用 fit 函数学习就好了……

第 9 课

测试模型

用测试模型确认训练结果的正确性。提供问题，使之预测，看它能答对多少。

训练完后就要测试，确认它训练得如何。

对呀，还要考试呢。

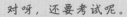
将划分出来的测试数据的问题（X_test）代入 predict 函数，使之预测答案。

哦哦。

我们有一套正确答案，那就是测试数据的答案（y_test）。只要比较机器学习的预测答案和正确答案，就知道正确率了。

原来如此，真的是考试啊。

先向 predict 函数代入测试数据的问题（X_test），并使之预测。我们将本次预测的结果绘制成区分颜色的散点图，确认预测结果（见清单 3.6）。

【输入代码】清单 3.6

```
# 用所有测试数据进行预测
pred = model.predict(X_test)
```

```
# 用测试使用的特征量（X_test）生成DataFrame对象，将预测结果（pred）追加
  为target列
df = pd.DataFrame(X_test)
df["target"] = pred
# 将不同分类的数据分别代入各自的DataFrame对象
df0 = df[df["target"]==0]
df1 = df[df["target"]==1]
# 分别将分类0和分类1绘制成蓝色和红色散点图
plt.figure(figsize=(5, 5))
plt.scatter(df0[0], df0[1], color="b", alpha=0.5)
plt.scatter(df1[0], df1[1], color="r", alpha=0.5)
plt.title("predict")
plt.show()
```

第9课

输出结果

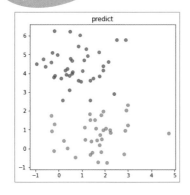

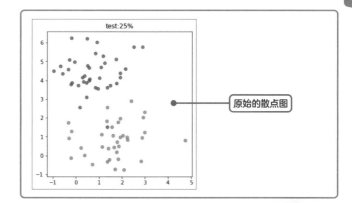

原始的散点图

咦？这张散点图和原始的散点图一样啊。

看起来一样，但你再仔细看看，有的红点变成蓝点了。也就是说，正确答案是红色，但是预测为蓝色了。

原来如此，预测也会出错。

我们来查看正确率吧。将正确答案数据和预测数据代入accuracy_score函数，就知道答对多少了。

终于要算成绩了。

事实上,这种评价方法非常重要,要进行各种确认。我们先看一个简单的(见清单 3.7)。

【输入代码】清单 3.7

```python
from sklearn.metrics import accuracy_score

# 查询(测试数据的)正确率
pred = model.predict(X_test)
score = accuracy_score(y_test, pred)
print("正确率:", score*100, "%")
```

输出结果

正确率: 96.0 %

竟然是 96%, 好厉害!

哦,这是因为我们特意自动生成了一份比较容易分类的数据嘛。

第10课

输入新值并预测

完成训练后，输入新值并预测吧。

训练已经顺利完成了，接下来输入新数据，让它预测吧。

要对人工智能出题了。

输入新值，用 predict 函数使之预测答案。

我们之前用两个特征量（解释型变量）进行了机器学习，所以也要输入两个特征量（说明变量）进行预测。

我们尝试输入两种数据，查看预测结果。第一个的解释型变量分别为"1"和"3"，第二个的解释型变量分别为"1"和"2"（见清单 3.8）。它们是分类分界线附近的虚拟数据。输入这些数据后，查看它们被分类到哪里。

【输入代码】清单 3.8

```
# 解释型变量为[1，3]时的结果预测
pred = model.predict([[1,3]])
print(f"1,3= {pred}")

# 解释型变量为[1，2]时的结果预测
pred = model.predict([[1,2]])
```

```
print(f"1,2= {pred}")
```

```
1,3= [0]
1,2= [1]
```

结果表明,解释型变量为"1"和"3"时预测出"分类为0",解释型变量为"1"和"2"时预测出"分类为1"。

在之前的散点图上,将这些数据用比较醒目的叉号(×)来叠加绘制,确认预测结果(见清单3.9)。

【输入代码】清单 3.9

```
# 用叉号在散点图上绘制[1,3]和[1,2]的位置
plt.figure(figsize=(5, 5))
plt.scatter(df0[0], df0[1], color="b", alpha=0.5) ····绘制蓝色散点图
plt.scatter(df1[0], df1[1], color="r", alpha=0.5) ····绘制红色散点图
plt.scatter([1], [3], color="b", marker="x", s=300) ····显示蓝色标记
plt.scatter([1], [2], color="r", marker="x", s=300) ····显示红色标记
plt.title("predict")
plt.show()
```

输出结果

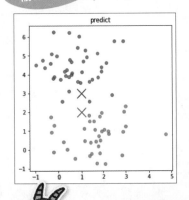

应该是蓝色位置的点为蓝色,红色位置的点为红色,很符合呢。

可以从视觉上确认预测结果的正确性,更容易理解了。

第 11 课

将分类状态可视化

将机器学习的分类情况可视化吧。编写一个用不同颜色绘制分类情景的函数。

博士，我明白它能大致分类了，有没有更直观的方法呢？

如果能将训练的分类情况可视化，就更好懂了，虽然它并不是机器学习的必要步骤。我们来看看吧。

太好啦！

查看分类情况的方法之一是逐一查看图表上所有点的分类。查看图表上的所有点，按照分类逐一上色。

啊，听上去很麻烦的样子。

对计算机来说很轻松啦。

哦，对呀。

使用 np.meshgrid 函数可以生成对图表进行网格划分的点的数据。查看每个点的分类，使用 plt.pcolormesh 函数可以把整个图表按照网格涂色。试一试吧。

用 np.meshgrid 函数可以生成对图表进行网格划分的点的数据（见清单 3.10）。查看各点的数据后使用 plt.pcolormesh 函数，可以把整个图表按照网格涂色。我们先来测试一下显示效果。生成 3×3、8×8、100×100 三种精度的网格数据，用渐变的彩虹色（rainbow）上色。

【输入代码】清单 3.10

```python
import matplotlib.pyplot as plt
import numpy as np


plt.subplots(figsize=(15, 5))


#使用Pcolormesh函数划分显示范围并进行上色
#生成3×3、8×8、100×100三种精度
sizelist = [3,8,100] ·····················三种精度的列表
for i in range(3):
    size=sizelist[i]
    X, Y = np.meshgrid(np.linspace(0, 10, size+1), ··生成点的数据
                       np.linspace(0, 10, size+1))
    C = np.linspace(0,100,size*size).reshape(size, size)
    plt.subplot(1, 3, i+1)
    plt.pcolormesh(X, Y, C, cmap="rainbow") ············用彩虹色上色


plt.show()
```

输出结果

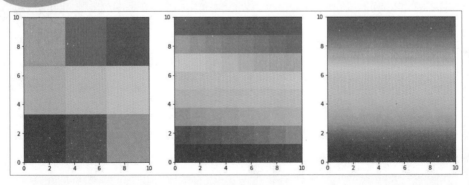

网格越小，颜色过渡越自然呢。

借助这一点，编写一个绘制分类状态的函数（见清单 3.11）。将图表上的所有点代入模型预测，再按照分类上色。代码有点儿长，加油吧！这种函数后面还会用到很多次。

哇……难度一下子就提高了。

这不是机器学习的核心，弄不太明白也没关系。我在代码中加了注释，有助于更好地理解代码。清单 3.11 也编写成了一个独立的 Python 文件 plot_boundary.py，见本书源代码文件。

【输入代码】清单 3.11（plot_boundary.py）

```python
import numpy as np
import matplotlib.pyplot as plt
from matplotlib.colors import ListedColormap


# 在散点图上绘制分类状态的函数
def plot_boundary(model, X, Y, target, xlabel, ylabel):
    # 生成画点和填充的颜色表（colormap）
    cmap_dots = ListedColormap([ "#1f77b4", "#ff7f0e",
                                "#2ca02c"])
    cmap_fills = ListedColormap([ "#c6dcec", "#ffdec2",
                                "#cae7ca"])

    plt.figure(figsize=(5, 5))
    # 如果存在模型，则对显示范围内所有点进行预测并上色
    if model:
        # 略微扩大显示范围并进行划分，生成网格
        XX, YY = np.meshgrid(np.linspace(X.min()-1,
                        X.max()+1, 200),
                        np.linspace(Y.min()-1,
                        Y.max()+1, 200))
```

```
# 将所有点的值代入模型并预测
pred = model.predict(np.c_[XX.ravel(), YY.ravel()]).
                                    reshape(XX.shape)
# 根据预测结果的值（0~2）用cmap_fills颜色表上色
plt.pcolormesh(XX, YY, pred, cmap=cmap_fills,
                            shading="auto")
# 用灰色绘制分界线
plt.contour(XX, YY, pred, colors="gray")
# 根据target的值（0~2）用cmap_dots颜色表绘制散点图
plt.scatter(X, Y, c=target, cmap=cmap_dots)
plt.xlabel(xlabel)
plt.ylabel(ylabel)
plt.show()
```

简单介绍一下 plot_boundary 函数的使用方法。设置预训练模型、X 轴特征量、Y 轴特征量、分类值、X 轴标签、Y 轴标签等参数，就可以绘制数据散点图和预训练模型中的分类状况。

哦。

设预训练模型参数为 None（无），可以仅绘制散点图。行胜于言，我们来实际操作一下吧。

格式：在散点图上绘制分类状态的函数

```
plot_boundary(model, X, Y, target, xlabel, ylabel)
```

- model = 进行分类的预训练模型（设为None时可以仅绘制散点图）
- X = X轴特征量
- Y = Y轴特征量
- target = 分类值
- xlabel = X轴标签
- ylabel = Y轴标签

来看将事物分为两类的机器学习的训练后状态散点图（见清单3.12）。用测试数据的特征量生成 DataFrame 对象（df），输入训练模型，生成预测数据（pred）。将其代入 plot_boundary 函数。设第 1 个实参为 None，可以只绘制散点图。绘制过程简化成了 3 行代码。

【输入代码】清单 3.12

```python
# 用测试数据的特征量（X_test）生成DataFrame对象
df = pd.DataFrame(X_test)

# 将测试数据的特征量（X_test）代入进行预测
pred = model.predict(X_test)

# 只绘制散点图
plot_boundary(None, df[0], df[1], pred, "df [0]", "df [1]")
```

第11课

输出结果

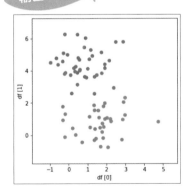

只用 1 行代码就写出了之前需要很多行代码的多色散点图呢。

接下来我们绘制出学习后的分类状态吧（见清单3.13）。将训练模型（model）代入 plot_boundary 函数的第 1 个实参。

【输入代码】清单 3.13

```
# 绘制分类状态
plot_boundary(model, df[0], df[1], pred, "df [0]", "df [1]")
```

输出结果

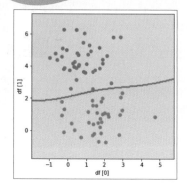

哇！颜色分开了！原来是这样分类啊！

为了看清边界，我们将边界线涂成了灰色。

真有趣。我还想看看别的数据！

那我们就尝试用 make_moons 生成月牙形聚类吧。这种数据就不能用直线划分了。

用 make_moons 生成月牙形数据集，创建模型并进行训练，再在散点图上绘制训练后的分类状态（见清单 3.14 ）。

【输入代码】清单 3.14

```
from sklearn.datasets import make_moons
```

```
# 随机种子为3，噪声为0.1，300个数据的月牙形数据集
```

```
X, y = make_moons(random_state=3,·················生成月牙形数据集
                  noise=0.1,
                  n_samples=300)
# 用特征量（x）生成DataFrame对象
df = pd.DataFrame(X)
# 创建模型进行训练
model = svm.SVC()
model.fit(X, y)
# 绘制分类状态
plot_boundary(model, df[0], df[1], y, "df [0]", "df [1]")
```

输出结果

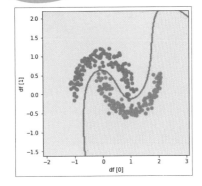

 我们再试一次，用 make_circles 生成双环形聚类吧。

好厉害！明显弯曲了！

　　用 make_circles 生成双环形数据集，创建模型进行训练，再在散点图上绘制训练后的分布状态（见清单 3.15）。

【输入代码】清单 3.15

```
from sklearn.datasets import make_circles
# 随机种子为3，噪声为0.1，300个数据的双环形数据集
X, y = make_circles(random_state=3, ············生成双环形数据集
                    noise = 0.1,
                    n_samples=300)
# 用特征量（x）生成DataFrame对象
df = pd.DataFrame(X)
# 创建模型进行训练
model = svm.SVC()
model.fit(X, y)
# 绘制分类状态
plot_boundary(model, df[0], df[1], y , "df [0]", "df [1]")
```

输出结果

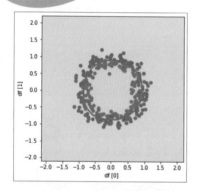

原来如此。划分成圆的内外两部分了。

可视化之后，分类状态就一目了然了。

第 4 章
机器学习的各种算法

机器学习有很多种算法哦。

算法是什么？

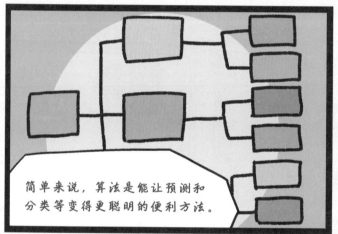

简单来说，算法是能让预测和分类等变得更聪明的便利方法。

哦！那么方便！

了解算法的原理也有助于加深对人工智能的理解。

好期待！

那我们就来看看吧！

好的！

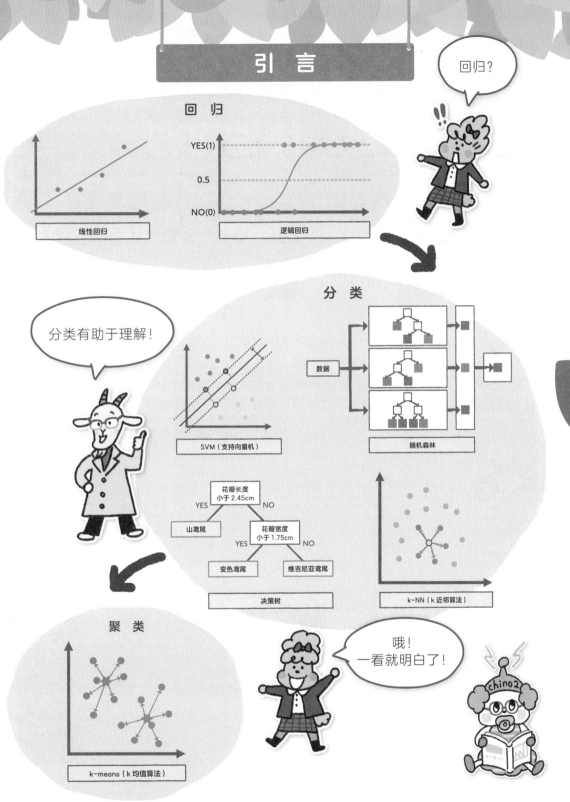

第 12 课

回归：线性回归

线性回归是以数值输入要预测的状态，以数值输出预测结果的算法

我们已经学会了机器学习的基本步骤，接下来介绍机器学习的各种算法吧。根据画线（预测或分类）的思路，机器学习有很多种方法，这些方法被称为"机器学习算法"。

都有什么算法呢？

比如，回归和分类的预测内容各不相同。回归用于预测数值，而分类用于预测对象。

都是预测，但还不太一样呢。

先看线性回归吧。

线性是什么事物的线性呢？

在散点图上显示的数据点，如果能画出一条直线描述规律，进而用直线预测结果，这就是线性回归。

那什么又是回归呢？

回归（regression）的字面意思是"回到以前的状态"。现实世界中，受误差等各种因素的影响，数据多少会发生偏差。如果没有误差，理论上可以回到原本的线性规律上。也就是说，可以理解为"理应回到的线性状态"。

原来回归的意思是理想状态下的规律啊。

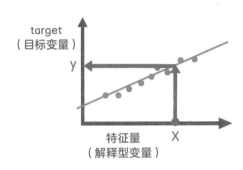

线性回归是什么算法？

线性回归是以数值输入要预测的状态（解释型变量 X），以数值输出预测结果（目标变量 y）的算法。在要预测的状态（解释型变量 X）和预测结果（目标变量 y）之间有很强的关联时使用。

例如，气温越高，冰淇淋卖得越好，当二者密切相关时，就可以通过气温预测冰淇淋的销路。再比如，房间越大，房租越贵，当二者密切相关时，就可以通过房间的面积预测房租。

将相关性较强的数据绘制成散点图时，点的排列近似呈直线。即便有略微的偏差，也表示"偏差是由现实世界的误差等因素导致的，如果没有误差则显示为这条直线"。用直线连接的方式称为"线性回归"（linear regression）。相对地，用非直线连接的方式称为"非线性回归"（non-linear regression）。

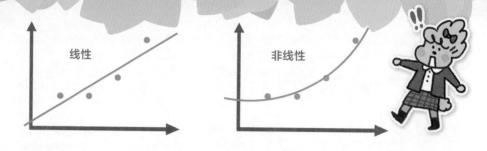

格式

```
<预测结果> = <模型>.predict(<解释型变量X>)
```

新建Notebook文件

准备本章编写代码的 Notebook 文件。

启动 Jupyter Notebook 后，进入上一章保存 Notebook 的文件夹，新建 Notebook。❶点击标题"Untitled"，❷修改为"MLtest4"。

 试　验

接下来生成样本数据，尝试线性回归。

准备数据，自动生成用于线性回归的数据集（见清单 4.1）。设随机种子为"3"，1 个特征量，噪声为 20，30 个点。用散点图确认数据的分布。

【输入代码】清单 4.1

```
from sklearn.datasets import make_regression
from sklearn.metrics import accuracy_score
import pandas as pd
import matplotlib.pyplot as plt
%matplotlib inline
# 生成随机种子为3、1个特征量、噪声为20、30个数据的数据集
```

```
X, y = make_regression(random_state=3,
                       n_features=1,
                       noise=20,·························· 噪声为20
                       n_samples=30)
```

```
# 用解释型变量（X）生成DataFrame对象
df = pd.DataFrame(X)
```

```
# 以特征量0为X轴，y为Y轴绘制散点图
plt.figure(figsize=(5, 5))
plt.scatter(df[0], y, color="b", alpha=0.5)
plt.grid()
plt.show()
```

输出结果

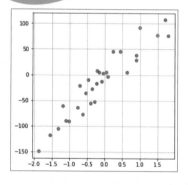

　　看起来该数据能绘制出一条直线，我们就用它来进行训练（见清单 4.2），步骤如下：❶划分训练数据和测试数据；❷创建线性回归学习模型，用训练数据训练；❸使用测试数据进行预测，检测正确率；❹在散点图上画出预测线并确认。

【输入代码】清单 4.2

```python
from sklearn.linear_model import LinearRegression
from sklearn.metrics import r2_score
from sklearn.model_selection import train_test_split

# 划分训练数据和预测数据
X_train, X_test, y_train,
y_test = train_test_split(X, y, random_state=0)    ❶

# 创建线性回归学习模型，用训练数据训练
model = LinearRegression()
model.fit(X_train, y_train)    ❷

# 检测正确率
pred = model.predict(X_test)
score = r2_score(y_test, pred)    ❸
print("正确率:", score*100, "%")

# 在散点图上绘制全部数据点并画线
plt.figure(figsize=(5, 5))
plt.scatter(X, y, color="b", alpha=0.5)    ···············绘制散点图
plt.plot(X, model.predict(X), color = 'red')    ··········画预测线    ❹
plt.grid()
plt.show()
```

第 12 课

输出结果

正确率: 84.98344774428922 %

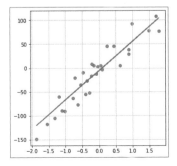

我们似乎画出了不错的直线。因为我们自动生成了偏差较小的数据，所以正确率为84.9%。那么，当偏差更大时会怎样呢？我们尝试增加随机性来看看吧（见清单4.3）。

过程与前面一致：❶准备数据，自动生成噪声增大到80的线性回归数据集；❷划分数据；❸创建模型进行训练；❹用测试数据进行检测；❺在散点图上画预测线。

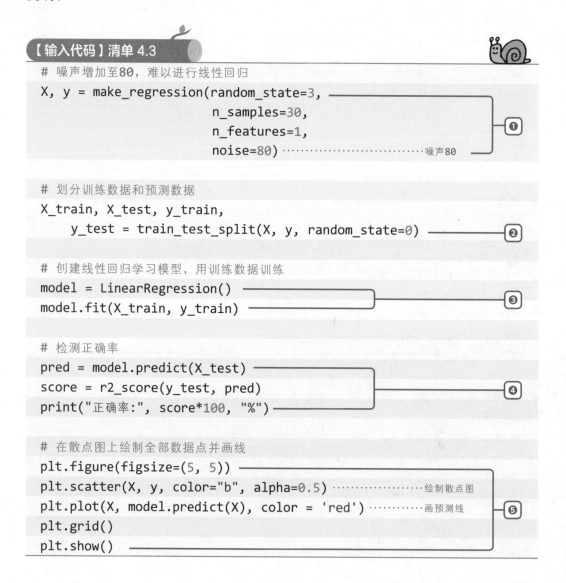

【输入代码】清单4.3

```
# 噪声增加至80，难以进行线性回归
X, y = make_regression(random_state=3,
                       n_samples=30,
                       n_features=1,
                       noise=80)              ……………噪声80
```
❶

```
# 划分训练数据和预测数据
X_train, X_test, y_train,
    y_test = train_test_split(X, y, random_state=0)
```
❷

```
# 创建线性回归学习模型，用训练数据训练
model = LinearRegression()
model.fit(X_train, y_train)
```
❸

```
# 检测正确率
pred = model.predict(X_test)
score = r2_score(y_test, pred)
print("正确率:", score*100, "%")
```
❹

```
# 在散点图上绘制全部数据点并画线
plt.figure(figsize=(5, 5))
plt.scatter(X, y, color="b", alpha=0.5)       ………………绘制散点图
plt.plot(X, model.predict(X), color = 'red')  ………画预测线
plt.grid()
plt.show()
```
❺

输出结果

正确率： 33.025689869605145 %

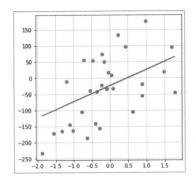

虽然绘制了预测线，但似乎有些牵强，正确率也仅有 33.0%。
数据的相关性本身很低，导致预测困难。

相关性本来就低，
预测就很困难了。

第13课

分类：逻辑回归

逻辑回归是通过回归对"是"和"否"的分类进行预测的算法

接下来是"逻辑回归"。它的名字里面有"回归"二字，但属于分类的算法哦。

好复杂呀，为什么呢？

线性回归是对散点图上各个数值的点画线，根据解释型变量 X 为某值时，预测目标变量的结果的算法，对吧？

在求条件是这个值时结果应该是什么数值的时候使用。

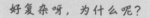

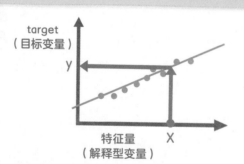

target
（目标变量）

y

特征量
（解释型变量）

X

但是，对于结果是"A 或 B"或"是或否"这样只有两种结果的数据，使用线性回归是无法顺利预测的。画成线就是下图的样子。

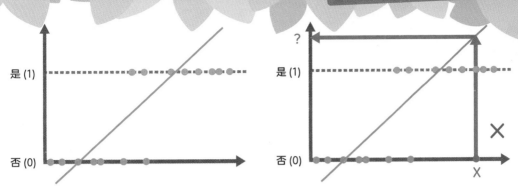

那当然啦。答案只有两种，画直线一定很奇怪了。

对吧。我们要对这种线使用所有值在0~1变化的Sigmoid函数拟合。这样一来，结果就只能处于0和1两个值之间，两种答案与线吻合。

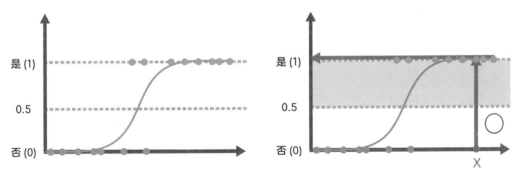

啊！这样做就符合数据了。

这个称为逻辑回归。从该数据规律理应返回这种曲线形状的意义上说，它算是回归，但是这样得出的预测属于要么是"是"（1），要么是"否"（0）的分类，所以Logistic回归属于分类。

第13课

逻辑回归是什么算法？

逻辑回归是用回归预测"是"或"否"两种（也可能是多种）分类的算法。它的名称中含有"回归"，但属于"分类"算法。

对只有两种结果的数据进行线性回归时，由于数据不构成线性分布，无法顺利预测。我们使用将输入的所有值转换为 0~1 的 Sigmoid 函数，结果就可以限制在 0~1 之间，形成适合对两种结果进行预测的曲线。线的 0.5 以上判断为"是"，否则为"否"。这样就可以分类为"是"或"否"了。

模型的使用方法

Logistic 回归的模型用 LogisticRegression 生成。将解释型变量 X 和目标变量 y 代入模型的 fit 函数进行训练。

格式

```
<模型> = LogisticRegression()
<模型>.fit(<解释型变量X>, <目标变量y>)
```

对于训练完成的模型，向 predict 函数输入解释型变量 X，返回预测结果。

格式

```
<预测结果> = <模型>.predict(<解释型变量X>)
```

试　验

开始之前先作声明，本章此后的篇幅基本都在对分类算法进行试验。为了让读者直观地理解分类的情况，我们使用第 3 章编写的描述分类状态的函数。请在当前的 Notebook 文件中输入清单 4.4 提供的 plot_boundary 函数，并调用相关的库。

【输入代码】清单 4.4

```python
import numpy as np
import matplotlib.pyplot as plt
from matplotlib.colors import ListedColormap


# 在散点图上绘制分类状态的函数
def plot_boundary(model, X, Y, target, xlabel, ylabel):
# 生成画点和填充的颜色表（colormap）
    cmap_dots = ListedColormap(["#1f77b4", "#ff7f0e",
                                "#2ca02c"])
    cmap_fills = ListedColormap(["#c6dcec", "#ffdec2",
                                 "#cae7ca"])

    plt.figure(figsize=(5, 5))
# 如果存在模型，则对显示范围内所有点进行预测并上色
    if model:
# 略微扩大显示范围并进行划分，生成网格
        XX, YY = np.meshgrid(np.linspace(X.min()-1, X.max()+1,
                                200),
                             np.linspace(Y.min()-1, Y.max()+1,
                                200))
# 将所有点的值代入模型并预测
        pred = model.predict(np.c_[XX.ravel(),
                                YY.ravel()]).reshape(XX.shape)
# 根据预测结果的值（0~2）用cmap_fills颜色表上色
        plt.pcolormesh(XX, YY, pred, cmap=cmap_fills,
                       shading="auto")
        plt.contour(XX, YY, pred, colors="gray")  ·····# 用灰色绘制分界线
# 根据target的值（0~2）用cmap_dots颜色表绘制散点图
    plt.scatter(X, Y, c=target, cmap=cmap_dots)
    plt.xlabel(xlabel)
    plt.ylabel(ylabel)
    plt.show()
```

接下来生成样本数据，试验逻辑回归。

准备数据，自动生成方便分类为两种的数据集。设随机种子为"0"，2 个特征量，2 个聚类，偏差为 1，300 个点。用前 5 个特征量 X 和目标变量 y 的值确认数据的布局（见清单 4.5）。

【输入代码】清单 4.5

```
from sklearn.datasets import make_blobs


# 生成随机种子为0，2个特征量，2个聚类，偏差为1，300个数据的数据集
X, y = make_blobs(random_state=0,
                  n_features=2,
                  centers=2,
                  cluster_std=1,
                  n_samples=300)


df = pd.DataFrame(X)
print(df.head())
print(y)
```

输出结果

```
          0           1
0   3.359415    5.248267
1   2.931100    0.782556
2   1.120314    5.758061
3   2.876853    0.902956
4   1.666088    5.605634
[0 1 0 1 0 0 1 0 1 1 1 0 1 0 0 1 0 0 1 0 1 0 0 0 1 1 0 1 1 0 1 0 0 0 1 1 1
 1 0 0 1 0 0 1 0 0 1 1 1 1 1 1 1 0 0 1 1 0 1 1 0 1 1 0 0 1 0 0 1 1 1 0
 1 0 0 1 0 0 1 0 1 0 0 0 1 1 0 0 1 1 1 0 1 0 1 1 0 1 1 0 0 0 0 1 0 1 0 0 1
 0 0 1 0 0 0 1 0 1 1 1 0 0 1 0 1 1 1 1 1 0 1 1 1 0 1 1 1 0 1 0 1 1 0 1 1
 1 0 1 0 0 1 1 1 0 0 1 0 0 0 0 1 0 0 0 0 1 0 0 1 1 0 0 0 0 0 1 1 0 0 0 0 1
 1 0 1 0 0 1 1 1 0 1 1 0 1 0 1 0 1 1 1 0 1 0 1 0 0 1 1 1 0 0 0 1 0 0 1 0 1
 0 1 0 0 1 0 0 1 0 0 1 1 1 0 0 0 1 1 1 1 1 1 0 1 0 0 1 1 1 0 0 1 0 0 1 0 1
 1 0 1 0 0 0 1 1 0 0 0 0 0 1 1 0 0 0 0 0 0 1 1 1 0 0 1 1 1 0 0 0 1 1 0 1 1
 0 1 1 0]
```

数据还不够直观。我们来绘制散点图。设 plot_boundary 函数的第 1 个实参为 None，即可绘制散点图（清单 4.6）。

【输入代码】清单 4.6

```
plot_boundary(None, df[0], df[1], y, "df [0]", "df [1]")
```

输出结果

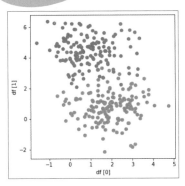

数据似乎可以分为两类。我们用它进行训练并显示分类的情况（见清单 4.7），步骤如下：❶划分训练数据和测试数据；❷使用训练数据对逻辑回归模型进行训练；❸使用测试数据进行预测，检测正确率；❹在散点图上绘制训练模型的分类状态并确认。

【输入代码】清单 4.7

```
from sklearn.model_selection import train_test_split
from sklearn.linear_model import LogisticRegression
from sklearn.metrics import accuracy_score

# 划分训练数据和测试数据
X_train, X_test, y_train,
y_test = train_test_split(X, y, random_state=0) ——————❶

# 创建线性回归学习模型，用训练数据训练
model = LogisticRegression() ——————
model.fit(X_train, y_train)                          ❷
```

第13课

```
# 检测正确率
pred = model.predict(X_test)
score = accuracy_score(y_test, pred)                             ③
print("正确率:", score*100, "%")
```

```
# 在散点图上绘制训练模型的分类状态
df = pd.DataFrame(X_test)
plot_boundary(model, df[0], df[1], y_test, "df [0]", "df [1]")   ④
```

输出结果

正确率: 96.0 %

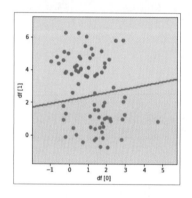

接下来尝试分为3类的情况（见清单4.8）。

❶准备数据，自动生成聚类数增加为3个的分类数据集；❷划分数据；❸代入模型进行训练；❹用测试数据进行预测，检测正确率；❺绘制分类状态；❷~❺的处理过程和之前完全相同。

【输入代码】清单4.8

```
# 生成随机种子为5，2个特征量，3个聚类，偏差为1，300个数据的数据集
X, y = make_blobs(random_state=5,
                  n_features=2,
                  centers=3,·····················3个聚类    ❶
                  cluster_std=1,
                  n_samples=300)
```

```
# 划分训练数据和测试数据
X_train, X_test, y_train,
y_test = train_test_split(X, y, random_state=0)    ②
```

```
# 创建逻辑回归学习模型，用训练数据训练
model = LogisticRegression()
model.fit(X_train, y_train)    ③
```

```
# 检测正确率
pred = model.predict(X_test)
score = accuracy_score(y_test, pred)    ④
print("正确率:", score*100, "%")
```

```
# 在散点图上绘制训练模型的分类状态
df = pd.DataFrame(X_test)
plot_boundary(model, df[0], df[1], y_test, "df [0]", "df [1]")    ⑤
```

输出结果

正确率: 82.66666666666667 %

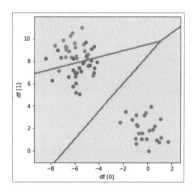

从结果来看，数据成功分成了 3 类。顺便一提，Sigmoid 函数的表达式是 $y = \dfrac{1}{1 + e^{-x}}$，可绘制成图表来表示，见清单 4.9。

113

【输入代码】清单 4.9

```
# x的取值（将-10~10分割为200个值）
xx = np.linspace(-10, 10, 200)

# Sigmoid函数
yy = 1 / (1 + np.exp(-xx))

plt.scatter(xx, yy, color="r")
plt.grid()
plt.show()
```

输出结果

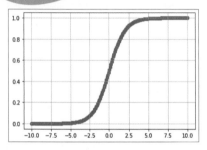

分类：SVM

SVM（支持向量机）是尽可能画出公平的分界线来预测分类的算法

本节课介绍图像识别、语音识别等模式识别中常用的热门算法"SVM"（支持向量机）。

这是什么算法呢？

有点复杂，我们举个具体例子吧。比如，你怎么区分橘子和葡萄柚呢？

那很简单啊，一看就知道了。

没错，但我们是根据什么做出的判断呢？

颜色啊，大小啊，形状之类的吧。

对，就是根据容易区别的特征来判断。颜色和大小很容易区分。但是，如果从上方俯视，会看到什么形状呢？

从上面看，形状好像一样啊。

除此之外，根据种子的大小等不易区分的特征，也很难把橘子和葡萄柚区分开来。

种子我可分不出来。对哦，我们是根据容易区分的特征来判断的。

机器学习也是一样的道理。首先要关注容易区分的特征。不仅是SVM，这一点对其他机器学习算法也非常重要。

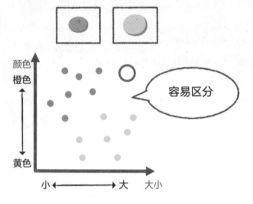

容易区分

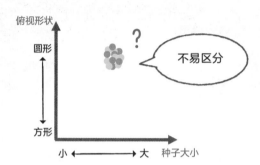

不易区分

那只要准备好容易区分的特征就可以了吗？

 还不能呢，算法的能耐在后面。比如，我们关注容易区分的颜色和大小。从散点图上看，橙色且小的是橘子，黄色且大的是葡萄柚。

出现了橘子的聚类和葡萄柚的聚类。

 那怎么画分界线呢？

当然是在橙色和黄色之间……斜着……画吧，不过有些随意了。

 计算机可不会随意画。必须知道以什么斜率、在什么位置画线，而这就由算法决定。SVM算法会关注分界线附近的点，这些点称为"支持向量"。SVM算法根据它来画线，所以称为"支持向量机"。

哦。那，怎么利用这些点呢？

画线时，要尽可能远离分界线附近的点。

什么？尽可能远离？

分界线就像阵地占领游戏中的阵营分界线。分界线离自己的阵地越远，阵地越大。而对手也是这样想的。

分界线越远，对自己越有利啊。

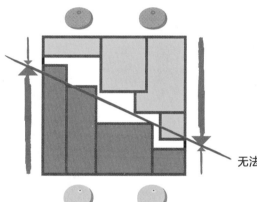

无法公平判断的分界线

玩游戏时只要以此竞争就可以了，但为了能训练一个做出准确判断的模型，我们在画分界线时要尽可能做到公平。因此，我们画的分界线要尽可能既远离自己，也远离对手。这样就会得到一个公平的分类分界线的结果。

如果分界线离某一方近，就意味着偏袒另一方了。

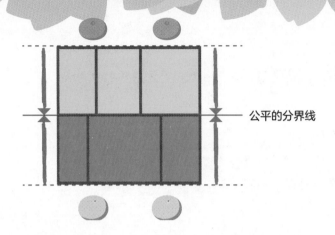

公平的分界线

SVM 关注的是与支持向量之间的间隔。通过在支持向量到分界线的间距最大的位置画线，求出最公平的分类分界线。

它想得好全面啊。

支持向量

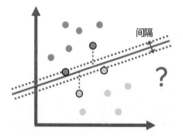

间隔

?

间隔

○

通过这种分析方法如实地为训练数据画出的分界线称为"硬间隔"。

坚实的间隔啊。

但是，现实世界中的数据大多有误差。如果如实为数据画分界线，那么线会在误差的影响下变得不自然。在一定程度上允许误差的存在，可以使分界线更加自然。这就是"软间隔"。机器学习使用的就是软间隔。

这就是为了迎合现实世界而做出的让步啊。

我再来介绍一些"核技巧"。

技巧？魔术么？我喜欢魔术。

橘子和葡萄柚的分类这个例子可以用直线划分，但是有的数据无法用直线划分。这时就很难在与分界点附近的点的间隔最大的位置画线了。

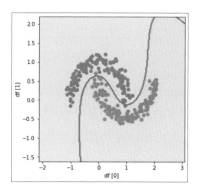

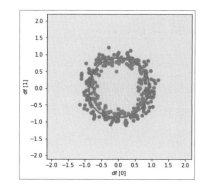

的确啊，乱糟糟的没办法提供给数据使用啊。

这时就该核技巧登场了。它的思路是，既然二维没办法划分，就增加维度，改变视角来。

唉？第2章似乎也讲过类似的内容。

比如，二维呈现为圆形的数据，放在三维里可能就显示为山形。这样，我们只要在水平方向切成圆片，就可以分类了，再返回二维即可。

原来是这样，真的像变魔术。

有了核技巧，SVM 的应用范围就变大了。

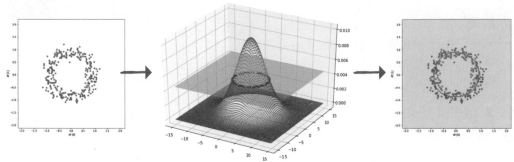

 模型的使用方法

SVM 的模型用 svm.SVC 函数创建。线性分类时，指定 kernel="linear"；非线性分类时，指定 kernel="rbf"。此时，增大 gamma 参数的值可以使分界线更复杂，减小参数的值可以使分界线更简单。此外，gamma 参数还可以设为 scale 或 auto。向模型的 fit 函数代入解释型变量 X 和目标变量 y，进行训练。

  格式

线性分类

```
<模型> = svm.SVC(kernel="linear")
<模型>.fit(解释型变量X, 目标变量y)
```

非线性分类

```
<模型> = svm.SVC(kernel="rbf", gamma="scale")
<模型>.fit(<解释型变量X>, <目标变量y>)
```

对于训练完成的模型，向 predict 函数输入解释型变量 X，返回预测结果。

格式

<预测结果> = <模型>.predict(<解释型变量X>)

试　验

生成样本数据，体会一下 SVM 的能力（见清单 4.10）。

❶准备数据，自动生成容易分为 3 类的数据集。设随机种子为"4"，2 个特征量，3 个聚类，偏差为 2，500 个点。然后，❷划分数据；❸代入模型进行训练；❹使用测试数据预测，检测正确率；❺绘制分类状态。

【输入代码】清单 4.10

```
from sklearn import svm


# 生成随机种子为4，2个特征量，3个聚类，偏差为2，500个数据的数据集
X, y = make_blobs(random_state=4,
                  n_features=2,
                  centers=3,            ①
                  cluster_std=2,
                  n_samples=500)


# 划分训练数据和预测数据
X_train, X_test, y_train,
y_test = train_test_split(X, y, random_state=0)    ②


# 创建线性SVM学习模型，用训练数据训练
model = svm.SVC(kernel="linear")··········线性
model.fit(X_train, y_train)            ③


# 检测正确率
pred = model.predict(X_test)
score = accuracy_score(y_test, pred)    ④
print("正确率:", score*100, "%")
```

第14课

121

```
# 在散点图上绘制训练模型的分类状态
df = pd.DataFrame(X_test)
plot_boundary(model, df[0], df[1], y_test, "df [0]", "df [1]")
```
⑤

输出结果

正确率: 89.60000000000001 %

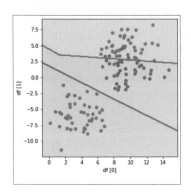

我们成功用直线段分出了 3 类。现在，尝试使用非线性分类（见清单 4.11）。直接沿用清单 4.10 中生成的数据，设分界线的复杂性为 gamma=1，❶使用非线性（高斯核方法）的模型进行训练；❷用测试数据预测，检测正确率；❸绘制分类状态。

【输入代码】清单 4.11

```
# 创建高斯函数核SVM学习模型，用训练数据训练
model = svm.SVC(kernel="rbf", gamma=1)·········非线性，gamma为1
model.fit(X_train, y_train)
```
❶

```
# 检测正确率
pred = model.predict(X_test)
score = accuracy_score(y_test, pred)
print("正确率:", score*100, "%")
```
❷

```
# 在散点图上绘制训练模型的分类状态
df = pd.DataFrame(X_test)
plot_boundary(model, df[0], df[1], y_test, "df [0]", "df [1]")
```
❸

输出结果

正确率: 85.6 %

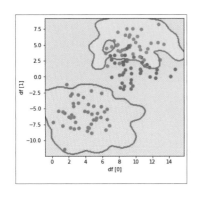

形成了非线性的分界线。gamma 的值越大, 分界线越复杂; gamma 的值越小, 分界线越简单。例如, 稍微增大 gamma 的值, 改为 gamma=10 (见清单 4.12)。

【输入代码】清单 4.12

```
# 创建高斯核方法SVM学习模型，用训练数据训练
model = svm.SVC(kernel="rbf", gamma=10)  ········非线性，gamma为10
model.fit(X_train, y_train)

# 检测正确率
pred = model.predict(X_test)
score = accuracy_score(y_test, pred)
print("正确率:", score*100, "%")

# 在散点图上绘制训练模型的分类状态
df = pd.DataFrame(X_test)
plot_boundary(model, df[0], df[1], y_test, "df [0]", "df [1]")
```

第
14
课

123

输出结果

正确率: 72.8 %

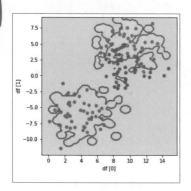

分界线变得十分复杂。此时，分界线很容易受每个数据的影响，训练数据稍有误差，正确率就会下降。下面，我们尝试略微减小 gamma 的值，改为 gamma=0.1（见清单 4.13）。

【输入代码】清单 4.13

```
# 创建高斯核方法SVM学习模型，用训练数据训练
model = svm.SVC(kernel="rbf", gamma=0.1) ········非线性，gamma为0.1
model.fit(X_train, y_train)

# 检测正确率
pred = model.predict(X_test)
score = accuracy_score(y_test, pred)
print("正确率:", score*100, "%")

# 在散点图上绘制训练模型的分类状态
df = pd.DataFrame(X_test)
plot_boundary(model, df[0], df[1], y_test, "df [0]", "df [1]")
```

输出结果

正确率：89.60000000000001 %

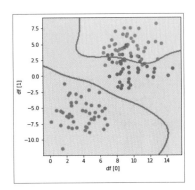

分界线变简单了。我们还可以根据数据量和偏差等给出适当的复杂度。scikit-learn 中的 scale 和 auto 模式能根据数据量和偏差自动决定，默认为 scale。我们改为 gamma="scale"（见清单 4.14）。

【输入代码】清单 4.14

```
# 创建高斯核方法SVM学习模型，用训练数据训练
model = svm.SVC(kernel="rbf", gamma="scale")  ············非线性，scale模式
model.fit(X_train, y_train)


# 检测正确率
pred = model.predict(X_test)
score = accuracy_score(y_test, pred)
print("正确率:", score*100, "%")


# 在散点图上绘制训练模型的分类状态
df = pd.DataFrame(X_test)
plot_boundary(model, df[0], df[1], y_test, "df [0]", "df [1]")
```

正确率：90.4 %

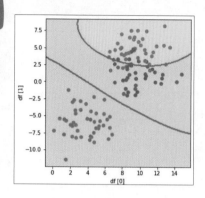

做到完美分类了！

分类很理想了。但是，选择哪种分界线，需要人类来判断并调整。

第15课

分类：决策树

决策树是通过二选一的问题不断产生分支来分类的易于理解的算法

接下来的算法是"决策树"，这是一种分类方式更好理解的算法。

好有趣。

这是用二选一的问题产生分支，以此重复来进行分类的算法。它的特征是，绘制分类图像时，很容易理解分类的过程。

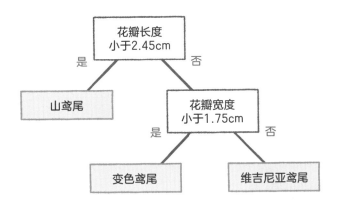

好像心理测试啊。回答"我经常幻想（是／否）""我擅长整理（是／否）"等问题就能看出我的性格。

原理的确很类似。这种分支的状态很像树，称为"树形结构"。算法通过该结构做出决策，因此称其为"决策树"。

这是树吗？但是上下颠倒了。

决策树是什么算法?

决策树是根据有效条件不断产生分支，从而预测分类的算法。

例如，以"某个解释型变量是否大于 2.45"条件查询，"是"选 A，"否"需要进一步分支，再以"某个解释型变量是否小于 1.75"条件查询，"是"选 B，"否"选 C，在这样不断产生分支的过程中产生分类。

除从分类状态图上可以看出分类状况以外，scikit-learn 还提供了将决策树模型的分类状态可视化的函数（plot_tree）。绘制出的分支结构称为树形结构。模型据此做出决策，决策树因此得名。

模型的使用方法

决策树模型用 DecisionTreeClassifier 函数创建。向模型的 fit 函数代入解释型变量 X 和目标变量 y，进行训练。

格式

```
<模型> = DecisionTreeClassifier(max_depth=None, random_state=0)
<模型>.fit(<解释型变量X>, <目标变量y>)
```

对于训练完成的模型，向 predict 函数输入解释型变量 X，返回预测结果。

格式

```
<预测结果> = <模型>.predict(<解释型变量X>)
```

试　验

生成样本数据，体验决策树模型（见清单 4.15）。

❶准备数据，自动生成容易分为 3 类的数据集。设随机种子为"0"，2 个特征量，3 个聚类，偏差为 0.6，200 个点。然后，❷划分数据；❸代入模型进行训练；❹使用测试数据预测，检测正确率；❺绘制分类状态。

【输入代码】清单 4.15

```
from sklearn.tree import DecisionTreeClassifier

# 生成随机种子为0，2个特征量，3个聚类，偏差为0.6，200个数据的数据集
X, y = make_blobs(random_state=0,
                  n_features=2,
                  centers=3,                    ❶
                  cluster_std=0.6,
                  n_samples=200)

# 划分训练数据和预测数据
X_train, X_test, y_train,
y_test = train_test_split(X, y, random_state=0)  ❷

# 创建决策树学习模型，用训练数据训练
model = DecisionTreeClassifier(max_depth=None, random_state=0)  ❸
model.fit(X_train, y_train)

# 检测正确率
pred = model.predict(X_test)
score = accuracy_score(y_test, pred)             ❹
print("正确率:", score*100, "%")

# 在散点图上绘制训练模型的分类状态
df = pd.DataFrame(X_test)                         ❺
plot_boundary(model, df[0], df[1], y_test, "df [0]", "df [1]")
```

第 15 课

正确率：96.0 %

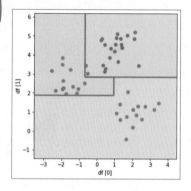

图中的分类呈拼图状。这是怎么回事呢？

为了进一步确认，我们使用 plot_tree 函数绘制树形结构（见清单 4.16）。为便于理解，向函数代入学习模型、特征名称（feature_names）和分类结果名称（class_names）并执行。

【输入代码】清单 4.16

```
from sklearn.tree import plot_tree


plt.figure(figsize=(15, 12))
plot_tree(model, fontsize=20, filled=True,
          feature_names=["df [0]", "df [1]"],
          class_names=["0","1","2"])
plt.show()
```

输出结果

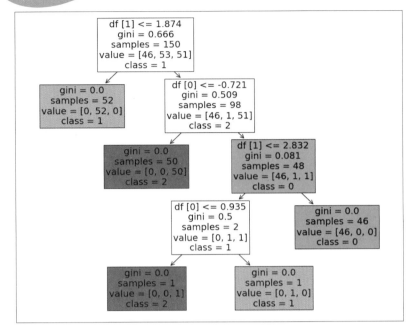

上图显示了通过分支进行分类的过程。

仔细观察上图的决策树。得到的预训练模型通过 4 个分支进行分类，用编号❶、

❷、❸和❹来标注它们。

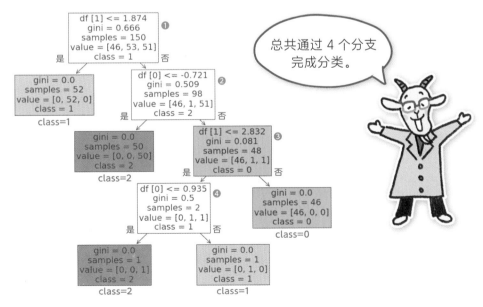

总共通过 4 个分支
完成分类。

131

我们回到分类状态图上来对号入座。❶根据条件"df[1] 是否在 1.874 以下"划分，"是"则分类为 class=1。对应的，图中❶标注的横线下方的区域分类为 class=1。

❷根据条件"df[0] 是否在 −0.721 以下"划分，"是"则分类为 class=2。剩余部分在❷标注的竖线左侧的区域分类为 class=2。

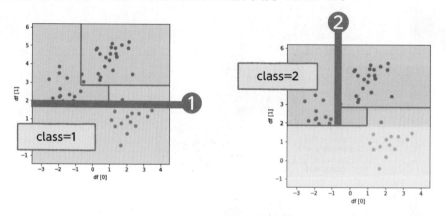

同理，❸根据条件"df[1] 是否在 2.832 以下"划分，"否"则分类为 class=0。剩余部分在❸标注的横线上方的区域分类为 class=2。❹根据条件"df[0] 是否在 0.935 以下"划分，"是"则分类为 class=2，"否"则分类为 class=1。剩余部分在❹标注的竖线左侧的区域分类为 class=1，右侧的区域分类为 class=1。

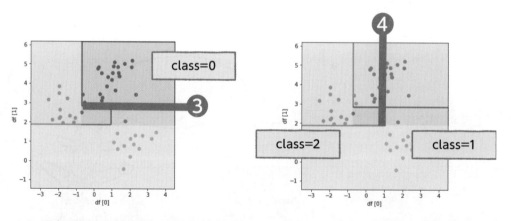

反复进行上述划分，图形就被分成了拼图状。本次模型为我们生成了 4 个分支，实际上还可以用参数指定更多的分支，加深分类的层次。分支越少，精度越低，但分支过多会导致过度迎合误差，同样会降低精度。因此，掌握好平衡十分重要。

作为试验，我们保持数据不变，将最大层次深度设为 2（见清单 4.17）。

❶使用最大层次深度为 2 的模型进行训练。❷用测试数据进行预测，检测正确率。❸绘制分类状态。

【输入代码】清单 4.17

```
from sklearn.tree import DecisionTreeClassifier

# 创建决策树SVM学习模型，用训练数据训练
# 分支的最大层次深度设为2，预计精度会略有下降
model = DecisionTreeClassifier(max_depth=2, random_state=0) ···· 深度为2
model.fit(X_train, y_train) ──────────────────────────❶

# 检测正确率
pred = model.predict(X_test) ─────────
score = accuracy_score(y_test, pred)          ❷
print("正确率:", score*100, "%") ─────────

# 在散点图上绘制训练模型的分类状态
df = pd.DataFrame(X_test) ──────────────────────
plot_boundary(model, df[0], df[1], y_test, "df [0]", "df [1]") ─❸
```

输出结果

```
正确率: 92.0 %
```

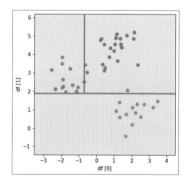

分类变得简单了，正确率略有下降。我们再用 plot_tree 函数观察模型的树形结构（见清单 4.18）。

【输入代码】清单 4.18

```python
from sklearn.tree import plot_tree


plt.figure(figsize=(15, 10))
plot_tree(model, fontsize=20, filled=True,
          feature_names=["df [0]", "df [1]"],
          class_names=["0","1","2"])
plt.show()
```

输出结果

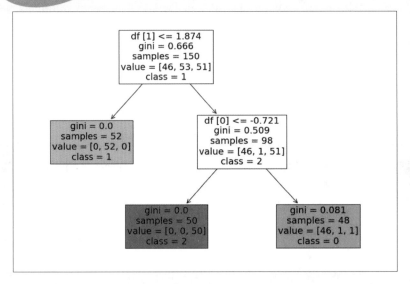

相比之下少了 2 个分支。仔细观察该决策树。

模型通过两个分支进行分类，用❶和❷标注它们。

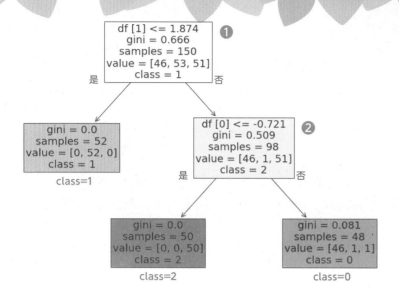

❶根据条件"df[1]是否在1.874以下"划分，"是"则分类为class=1。对应地，下图中❶标注的横线下方的区域分类为class=1。然后，❷根据条件"df[0]是否在 −0.721以下"划分，"是"则分类为class=2，"否"则分类为class=0。对应地，在下图中❷标注的竖线左侧的区域分类为class=2，右侧的区域分类为class=0。

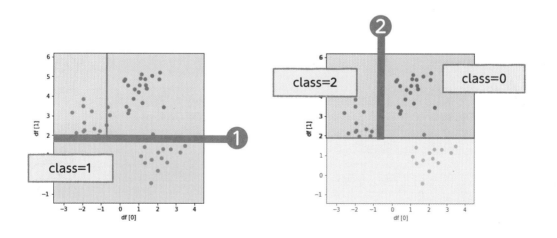

第16课

分类：随机森林

随机森林是生成大量决策树并采用多数表决进行预测的一种高精度算法

为了提高决策树的预测精度，人们在决策树的基础上发展了"随机森林"算法。

什么意思？

决策树的每一次分支都可能存在多个条件，而选择哪一种分支是有很多模式的。上一章使用的决策树模型采用一个被认定有效的模式进行分类，但也许有其他模式更理想的情况。

不同的模式啊。

因此，发展出了用多种分支模式的决策树进行预测，再通过多数表决来确定预测结果的算法。该算法是随机聚集大量决策树形成的森林，所以称为"随机森林"。

这算是机器学习里的"三人行必有我师焉"呀。

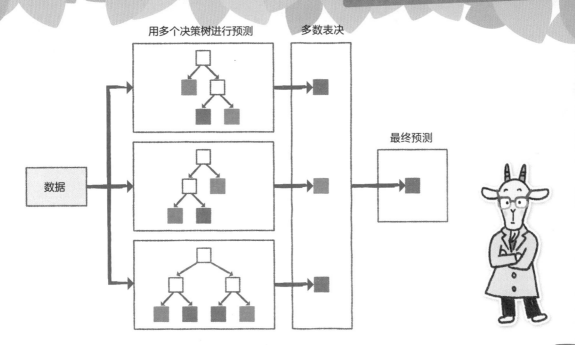

用多个决策树进行预测　　多数表决

最终预测

数据

 ## 随机森林是什么算法？

随机森林是生成大量决策树并采用多数表决策略的算法，是一种高精度算法。它本身就是为了提高决策树的预测精度而研究出来的。算法对训练数据进行划分，生成多种模式的决策树，采用多数表决的结果进行预测。

 ## 模型的使用方法

随机森林的模型使用 RandomForestClassifier 函数创建。向模型的 fit 函数代入解释型变量 X 和目标变量 y，进行训练。

 格式

```
<模型> = RandomForestClassifier()
<模型>.fit(<解释型变量X>, <目标变量y>)
```

对于训练完成的模型，向 predict 函数输入解释型变量 X，返回预测结果。

格式

<预测结果> = <模型>.predict(<解释型变量X>)

 试　验

- -

用随机森林模型进行试验（见清单 4.19）。我们直接沿用决策树模型使用的在清单 4.15 中生成的数据。❶使用随机森林模型进行训练；❷用测试数据进行预测，检测正确率；❸绘制分类状态。

【输入代码】清单 4.19

```
from sklearn.ensemble import RandomForestClassifier


# 创建随机森林学习模型，用训练数据训练
model = RandomForestClassifier()
model.fit(X_train, y_train)                              ❶


# 检测正确率
pred = model.predict(X_test)
score = accuracy_score(y_test, pred)
print("正确率:", score*100, "%")                         ❷


# 在散点图上绘制训练模型的分类状态
df = pd.DataFrame(X_test)
plot_boundary(model, df[0], df[1], y_test, "df [0]", "df [1]")   ❸
```

输出结果

正确率：100.0 %

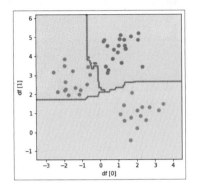

　　正确率上升了。决策树使得分类线变得复杂而曲折，可以看出进行了更为复杂的判断。另外，执行清单 4.19 可能会每次生成不尽相同的分类，说明模型内部对决策树的投票选择有一定随机性。

成功率上升了呢。

第 17 课

分类：k-NN

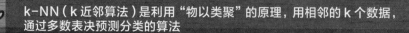

k-NN（k 近邻算法）是利用"物以类聚"的原理，用相邻的 k 个数据，通过多数表决预测分类的算法

接下来介绍的 k-NN（k 近邻算法）采用了"物以类聚"的思考方式，通过分析目标值附近的数据来预测分类。

好像懂了，但为什么离得近就是同类呢？

我们回顾一下散点图，它将特征量作为坐标轴，如数值的大小、气温的高低等，以此绘制图表。不难看出，散点图上距离较远的数据特征不相似，而距离较近的数据特征相似。

原来如此！所以说物以类聚啊！

距离相近，特征也就相近，根据这个原理，分析相邻的 k 个数据的分类，就可以根据多数表决预测属于哪个分类。

原以为机器学习很厉害，其实用的也是我能想到的办法。

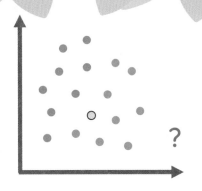

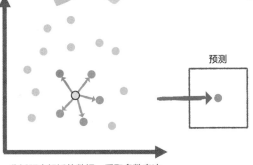

分析距离相近的数据，采取多数表决

 k-NN是什么算法？

k-NN 是根据物以类聚的原理，分析距离相近的 k 个数据，用多数表决进行预测的算法。这是一种历史悠久的简单算法。

例如，设 k 为 5，向已归类的数据点中新增点时，会在其附近找到 5 个距离最近的点，分析它们的分类，得到 5 个数据点中最多的分类，用来预测新增点。

正因为分析的是相邻的 k 个分类，所以称为 k 近邻算法（k-nearest neighbor），k-NN 是其英文缩写。

 模型的使用方法

k-NN 模型使用 KNeighborsClassifier 函数创建。向模型的 fit 函数代入解释型变量 X 和目标变量 y，进行训练。

格式

```
<模型> = KNeighborsClassifier()
<模型>.fit(<解释型变量X>, <目标变量y>)
```

对于训练完成的模型，向 predict 函数输入解释型变量 X，返回预测结果。

格式

```
<预测结果> = <模型>.predict(<解释型变量X>)
```

试 验

用 k-NN 模型进行试验（见清单 4.20）。我们直接沿用决策树模型和随机森林模型使用的在清单 4.15 中生成的数据，❶使用 k-NN 模型进行训练；❷用测试数据进行预测，检测正确率；❸绘制分类状态。

【输入代码】清单 4.20

```python
from sklearn.neighbors import KNeighborsClassifier

# 创建随机森林学习模型，用训练数据训练
model = KNeighborsClassifier()
model.fit(X_train, y_train)                                    ❶

# 检测正确率
pred = model.predict(X_test)
score = accuracy_score(y_test, pred)                           ❷
print("正确率:", score*100, "%")

# 在散点图上绘制训练模型的分类状态
df = pd.DataFrame(X_test)
plot_boundary(model, df[0], df[1], y_test, "df [0]", "df [1]")  ❸
```

输出结果

正确率: 100.0 %

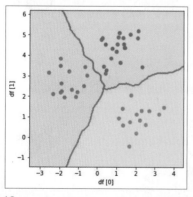

正确率刚好到 100% 了呢。

第 18 课

聚类：k-means

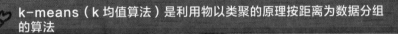

k-means（k 均值算法）是利用物以类聚的原理按距离为数据分组的算法

k-means（k 均值算法）也是一种利用物以类聚原理的算法。K 近邻算法分析的是分类，而 k 均值算法是将数据整体分组，因此称为"聚类"。

分组？

就是根据散点图上的数据，将距离相近的数据分为一组的方法。

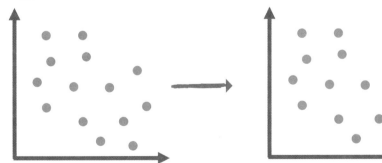

它和 k 近邻算法有什么区别呢？

k 近邻算法是一种有监督学习，用问题（解释型变量）和答案（目标变量）配对进行学习。

嗯。

但是，k 均值算法是一种无监督学习，不提供答案（目标变量），只用问题（解释型变量）来学习。

不知道答案？那怎么分组呢？

它虽然不知道答案，但知道怎么找答案。这就是分组的算法了。

真有趣，快告诉我怎么找。

 ## k-means是什么算法？

k-means（k 均值算法）是基于物以类聚的原理，按距离进行数据分组的算法。

"k 近邻算法"和"k 均值算法"虽然名称相近，但类型完全不同。k 近邻算法属于有监督学习分类算法，而 k 均值算法属于无监督学习聚类算法。

为算法指定分组的数量，k 均值算法就能将整个数据按指定的组数分组。分组方法会根据指定的组数生成重心，然后重复两个基本步骤：

第一，对各个重心附近的点重新分组。

第二，求各组的平均值，换算为各个中心。反复该过程，直到重心不再变化，这样就完成了分组。

❶先按照指定的组数随机决定虚拟的重心。

❷寻找各个重心相邻的点，重新分组。

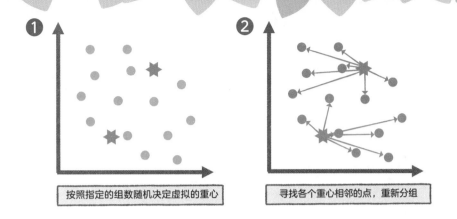

❶ 按照指定的组数随机决定虚拟的重心

❷ 寻找各个重心相邻的点，重新分组

❸求各组的平均值，以此改变各个重心。与❷相比，重心位置发生了较大变化，继续该过程。

❹寻找各个重心相邻的点，重新分组。

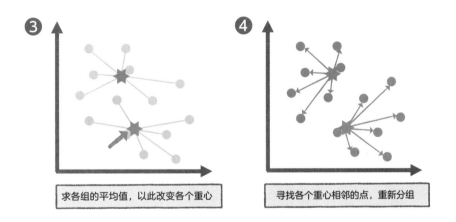

❸ 求各组的平均值，以此改变各个重心

❹ 寻找各个重心相邻的点，重新分组

❺继续求各组的平均值，以此改变各个重心。与❷相比，重心位置发生了较小变化，继续该过程。

❻寻找各个重心相邻的点，重新分组。

第18课

145

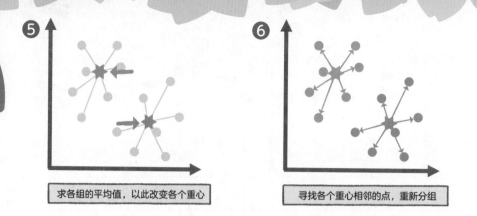

求各组的平均值，以此改变各个重心

寻找各个重心相邻的点，重新分组

❼继续求各组的平均值，以此改变各个重心。如果重心不发生变化，则分组结束。

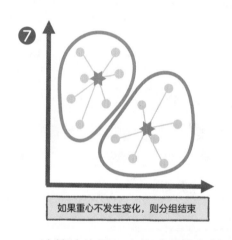

如果重心不发生变化，则分组结束

该算法使用 k 个簇（分组）的平均值进行分组，k 均值算法因此得名。

 模型的使用方法

k 均值模型使用 KMeans 函数创建。向模型的 fit 函数代入特征量 X 进行训练。

格式

```
<模型> = KMeans(n_clusters=<分组数>)
<模型>.fit(<特征量X>)
```

对于训练完成的模型，向 predict 函数输入解释型变量 X，就可以预测新数据属于哪个分类。

格式

```
<预测结果> = <模型>.predict(<解释型变量X>)
```

试 验

对 k 均值模型进行试验（见清单 4.21）。同样，使用之前在清单 4.15 中生成的数据。k 均值算法属于无监督学习，仅使用划分前的全部数据的特征量 X。创建 k 均值学习模型（分为 3 组），代入特征量 X，进行分组训练，然后用训练完成的模型绘制分类状态。

【输入代码】清单 4.21

```
from sklearn.cluster import KMeans

# 创建k均值学习模型（分为3组）
model = KMeans(n_clusters=3)
model.fit(X)

# 用全部数据绘制散点图，并绘制训练模型的分类状态
df = pd.DataFrame(X)
plot_boundary(model, df[0], df[1], y, "df [0]", "df [1]")
```

输出结果

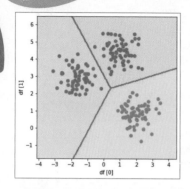

　　数据分成了 3 组，是意料之内的结果。我们也可以尝试让它分为 2 组（见清单 4.22）。创建 k 均值学习模型（分为 2 组），进行分组训练，并绘制分类状态。

【输入代码】清单 4.22

```
# 创建k均值学习模型（分为2组）
model = KMeans(n_clusters=2)
model.fit(X)


# 用全部数据绘制散点图，并绘制训练模型的分类状态
df = pd.DataFrame(X)
plot_boundary(model, df[0], df[1], y, "df [0]", "df [1]")
```

输出结果

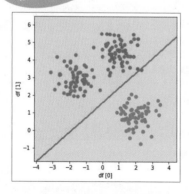

成功分组了呢。

　　数据分成了 2 组。它似乎将蓝色和绿色理解为一组，红色理解为另一组了。

双叶同学，还记得小智么？

嗯！当然记得！

接下来我们让小智读取数据，预测数字吧。

DATA

DATA

《Python 一级：从零开始学编程》课程上根本不知道它在做什么，现在都明白了。

哦！这么厉害！

交给我了！

那让我们拭目以待吧！

好的！

准备数据和训练

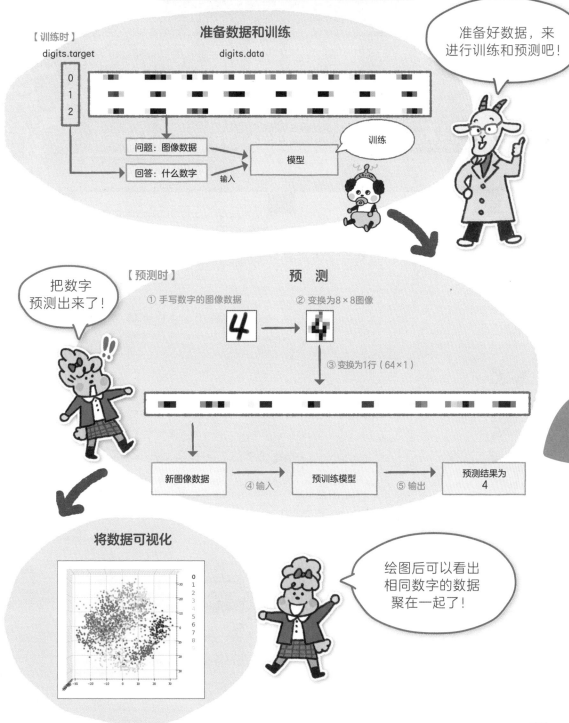

【训练时】

digits.target

digits.data

问题：图像数据

回答：什么数字

模型

输入

训练

准备好数据，来进行训练和预测吧！

【预测时】

预 测

把数字预测出来了！

① 手写数字的图像数据

② 变换为8×8图像

③ 变换为1行（64×1）

新图像数据

④ 输入

预训练模型

⑤ 输出

预测结果为 4

将数据可视化

绘图后可以看出相同数字的数据聚在一起了！

第19课

准备数据

进行手写数字的学习，生成预测数字的人工智能。下面从准备数据开始。

我们已经会用自动生成的数据练习了，接下来用具体的数据来操作吧。

啊！是在《Python 一级：从零开始学编程》课程中编写的小智呀！"小智"这个名字还是我起的呢，有"智能"的意思。好怀念呀。

当时你还不明白什么是机器学习，只是照样子输入代码编写的。现在重新编写的话，你就明白自己在做什么了。

我终于能明白小智在想什么了！

那么，我们开始准备数据吧！

整体流程

① 准备数据
② 划分为训练数据和测试数据
③ 选择模型进行训练
④ 测试模型
⑤ 赋予新值并预测

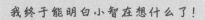

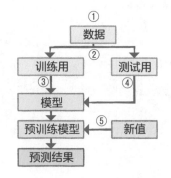

新建Notebook文件

准备本章编写代码的 Notebook 文件。

启动 Jupyter Notebook 后，进入上一章保存 Notebook 的文件夹，新建 Notebook。❶点击标题"Untitled"，❷修改为"MLtest5"。

从"准备数据"开始吧（见清单 5.1）。用 digits=load_digits() 读取手写数字的数据。我们用 print(digits) 看一下大致的数据内容。

【输入代码】清单 5.1

```
import pandas as pd
from sklearn.datasets import load_digits

# 读取数据
digits = load_digits()
# 内容确认
print(digits)
```

输出结果

```
{'data': array([[ 0.,  0.,  5., ...,  0.,  0.,  0.],
                [ 0.,  0.,  0., ..., 10.,  0.,  0.],
                [ 0.,  0.,  0., ..., 16.,  9.,  0.],
                ....]),
'target': array([0, 1, 2, ..., 8, 9, 8]),
'target_names': array([0, 1, 2, 3, 4, 5, 6, 7, 8, 9]),
'images': array([[[ 0.,  0.,  5., ...,  1.,  0.,  0.],
```

（…略…）

```
'DESCR': ".. _digits_dataset:\n\nOptical recognition of
        handwritten digits dataset ..."}
```

好多内容啊～

从标题里可以看出数据集包含data、target、target_names、images、DESCR等数据。DESCR是*description*的缩写，表示数据集的描述。

啊，是英文描述啊……

有很多翻译工具可以帮我们了解描述的内容，尤其像ChatGPT等新兴语言模型可作为人工智能翻译工具。通过翻译工具不难得知"Optical recognition of handwritten digits dataset"是"手写数字数据集的光学识别"的意思。

这是要用人工智能来学人工智能了呀……

后面还有大量详细的描述。通过描述不难得知各个数据的含义，如data是训练图像数据，target是图像数据对应的编号，target_names是target给出的编号对应实际的数字，images是将图像数据排列成8×8的数据。

数据集包含的数据

数据名	内 容
data	训练使用的图像数据
target	以上图像数据对应的编号
target_names	target编号表示的实际数字
images	排列为8×8形式的直观图像数据
DESCR	数据集说明内容

我们想要事先根据图像预测数字的学习，用训练图像数据（*digits.data*）和对应的数字（*digits.target*）来训练模型。先用DataFrame对象读取digits.data（见清单5.2）。

【输入代码】清单 5.2

```
df = pd.DataFrame(digits.data)
df
```

输出结果

	0	1	2	3	4	5	6	7	8	9	10	11	12	13	14	15	1		57	58	59	60	61	62	63
0	0.0	0.0	5.0	13.0	9.0	1.0	0.0	0.0	0.0	0.0	13.0	15.0	10.0	15.0	5.0	0.0	0		0.0	6.0	13.0	10.0	0.0	0.0	0.0
1	0.0	0.0	0.0	12.0	13.0	5.0	0.0	0.0	0.0	0.0	11.0	16.0	9.0	0.0	0.0	0		0.0	0.0	11.0	16.0	10.0	0.0	0.0
2	0.0	0.0	0.0	4.0	15.0	12.0	0.0	0.0	0.0	3.0	16.0	15.0	14.0	0.0	0.0	0		0.0	0.0	3.0	11.0	16.0	9.0	0.0
3	0.0	0.0	7.0	15.0	13.0	1.0	0.0	0.0	0.0	8.0	13.0	6.0	15.0	4.0	0.0	0		0.0	7.0	13.0	13.0	9.0	0.0	0.0
4	0.0	0.0	0.0	1.0	11.0	0.0	0.0	0.0	0.0	0.0	0.0	7.0	8.0	0.0	0.0	0.0		0.0	0.0	2.0	16.0	4.0	0.0	0.0
...	...	...	...	...	...	...	...	...	...	...	...	...	...	...	...	...	...		...	...	...	...	...	...	...
1792	0.0	0.0	4.0	10.0	13.0	6.0	0.0	0.0	0.0	1.0	16.0	14.0	12.0	16.0	3.0	0.0	0.0		0.0	2.0	14.0	15.0	9.0	0.0	0.0
1793	0.0	0.0	6.0	16.0	13.0	11.0	1.0	0.0	0.0	0.0	16.0	15.0	12.0	16.0	1.0	0.0	0		0.0	6.0	16.0	14.0	6.0	0.0	0.0
1794	0.0	0.0	1.0	11.0	15.0	1.0	0.0	0.0	0.0	0.0	13.0	16.0	8.0	2.0	1.0	0.0	0		0.0	2.0	9.0	13.0	6.0	0.0	0.0
1795	0.0	0.0	2.0	10.0	7.0	0.0	0.0	0.0	0.0	0.0	14.0	16.0	16.0	15.0	1.0	0.0	0		0.0	5.0	12.0	16.0	12.0	0.0	0.0
1796	0.0	0.0	10.0	14.0	8.0	1.0	0.0	0.0	2.0	16.0	14.0	6.0	1.0	0.0	0.0	0		1.0	8.0	12.0	14.0	12.0	1.0	0.0

1797 rows × 64 columns

每一行都是数字的图像数据，共 1797 行。也就是说，有 1797 个图像数据。

这么多呀。

看 target_names 就知道这些数据表示什么。试试看吧（见清单 5.3）。

【输入代码】清单 5.3

```
print(digits.target_names)
```

输出结果

```
[0 1 2 3 4 5 6 7 8 9]
```

出现数字了。

这 1797 个图像数据是数字 0~9 的图像数据。从左向右按顺序排列，0 号代表 target 是数字 0，1 号代表 target 是数字 1，以此类推。

原来是这样啊。

是有意这么做的。即使不看 target_names 的值，看 target 编号就知道是什么数字了。我们再来看看前 10 行的 target 值吧（见清单 5.4）。可以直接得出前 10 行的图像数据分别代表什么数字。

【输入代码】清单 5.4

```
for i in range(10):
    print(digits.target[i])
```

输出结果

| 0 |
| 1 |
| 2 |
| 3 |
| 4 |
| 5 |
| 6 |
| 7 |
| 8 |
| 9 |

是 0~9 啊，排列得真整齐。

其实前 30 个左右排列得很整齐，后面的顺序就打乱了。

莫非是中途数据排累了？

我们直观地确认一下它们对应的图像数据吧，显示前10个 *digits.data* 的图像（见清单5.5）。

【输入代码】清单5.5

```
%matplotlib inline
import matplotlib.pyplot as plt

for i in range(10):
    # 纵向排列10个
    plt.subplot(10, 1, i + 1)
    plt.axis("off")
    plt.title(digits.target[i])
    plt.imshow(digits.data[i:i+1], cmap="Greys")
plt.show()
```

输出结果

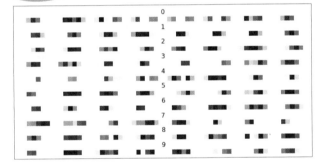

这是什么呀，不像数字呢。

这是数字0~9的图像数据。为了向机器学习模型输入，它被转换为横向排列的数据。

输入这个吗？小智会把它当作数字学习吗？

要想让人类看懂数字，就要排列成 8×8 的形式。digits.images 的工作就是这种转换。这是给人类确认的数据，接下来我们显示图像（见清单 5.6）。这次我们横向排列观察它们。

【输入代码】清单 5.6

```
for i in range(10):
    # 横向排列10个
    plt.subplot(1, 10, i + 1)
    plt.axis("off")
    plt.title(digits.target[i])
    plt.imshow(digits.images[i], cmap="Greys")
plt.show()
```

输出结果

有棱有角的，但能看出是数字。

但是机器学习无法用这种格式训练，要把 8×8 的图像转换为 1 行（64×1）的数据才能进行训练。

为什么要做这种奇怪的转换？

我们将要使用的 SVM 模型不像人一样根据数字的线条弯曲程度判断数字。它学习的是根据 64 个变量判断数字。

解释型变量竟然有 64 个！前面练习时只有两三个啊。

虽然它没有人类的理解能力，但在这么多解释型变量的帮助下，也就能够完成分类了。

原来小智是这样理解数字的呀。

数字图像 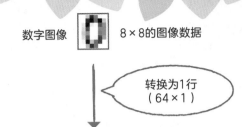 8×8的图像数据

转换为1行
（64×1）

	0	1	2	3	4	5	6	7	8	9	10		52	53	54	55	56	57	58	59	60	61	62	63
0	0.0	0.0	5.0	13.0	9.0	1.0	0.0	0.0	0.0	0.0	13.0		10.0	12.0	0.0	0.0	0.0	0.0	6.0	13.0	10.0	0.0	0.0	0.0

data

训练

模型

第20课

准备训练数据

将数据划分为训练数据和测试数据，准备好训练数据。

准备好数据了，我们重新回顾一下怎样训练和预测吧。

好！

我们希望机器能够学习通过图像预测数字。将"数字的图像数据"（digits.data）作为问题，"什么数字"（digits.target）作为答案，输入模型进行训练。

这个"图像数据"就是排成1行的数据，对吧。

【训练时】

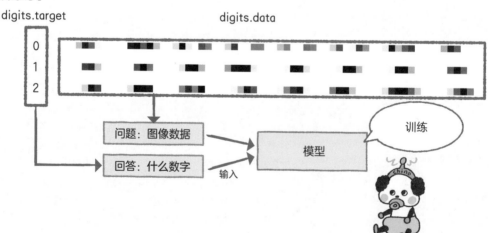

训练完成后就能根据图像预测数字了。但此时也必须输入与训练的数据格式相同的数据。需要将手写的图像数据转换成8×8的马赛克图像，再转换成1行（64×1）的数据

处理成与训练数据相匹配的数据啊。

【预测时】

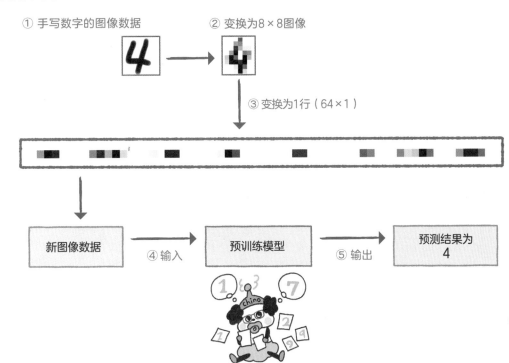

① 手写数字的图像数据

② 变换为8×8图像

③ 变换为1行（64×1）

新图像数据 ④输入 预训练模型 ⑤输出 预测结果为 4

第20课

预测过程就和上图所示的流程一样。我们继续推进吧。接下来的步骤是"划分为训练数据和测试数据"。

是用 train_test_split 划分吧。

对。将数字的图像数据（digits.data）作为 X，目标数字（digits.target）作为 y 进行划分（见清单5.7）。75% 划分为训练数据，25% 划分为测试数据，确认数量。

【输入代码】清单 5.7

```
from sklearn.model_selection import train_test_split

X = digits.data
y = digits.target

# 划分数据
X_train, X_test, y_train,
    y_test = train_test_split(X, y, random_state=0)
print("train=", len(X_train))
print("test=", len(X_test))
```

输出结果

```
train= 1347
test= 450
```

训练数据有 1347 个，是 1797 的 75%；测试数据有 450 个，是 1797 的 25%。这说明已经划分好了。

第 21 课

训练模型

准备好模型，进行训练。我们使用擅长图像分类的 SVM 来训练。

在训练数据准备好之后，进行"选择模型进行训练"。

终于到机器学习了。

我们使用图像识别中常用的 SVM 建立模型。实际上，多次试验后发现，该模型更适合使用非线性分类的 kernel="rbf"，分界线复杂度设为 gamma=0.001，所以选用以上参数。

您专门为我预先做了准备啊，谢谢博士。

训练的代码执行起来很快，我们连同"测试模型"一起做吧。

训练模型使用 SVM，参数设置为非线性分类的 kernel="rbf"，分界线复杂度设为 gamma=0.001（见清单 5.8）。

创建模型

```
model = svm.SVC(kernel="rbf", gamma=0.001)
```

顺便一提，svm.SVC 函数中的 kernel="rbf" 是参数的默认值，不指定

kernel 时会自动选择 rbf 的非线性分类。因此，我们在《Python 一级：从零开始学编程》中省略了该参数。

创建模型（Python 一级）

```
model = svm.SVC(gamma=0.001)
```

创建好模型后，输入训练数据的问题（X_train）和答案（y_train）进行训练。

```
model.fit(X_train, y_train)
```

【输入代码】清单 5.8

```
from sklearn import svm
from sklearn.metrics import accuracy_score

# 创建高斯核方法SVM学习模型，用训练数据训练
model = svm.SVC(kernel="rbf", gamma=0.001)
model.fit(X_train, y_train)

# 根据测试数据，检测正确率
pred = model.predict(X_test)
score = accuracy_score(y_test, pred)
print("正解率:", score*100, "%")
```

输出结果

正解率: 99.55555555555556 %

哇，正确率高达 99.5% 呢。

但这只是使用与训练内容相同的图像数据时的正确率。如果输入完全不同于训练内容的数字图像数据，正确率就会下降。

第 22 课

预 测

向模型输入手写数字的图像，进行预测。但是，无法直接将原始的图像数据输入模型，必须处理成与机器学习时输入的数据匹配的数据格式。

训练完成后，终于要到"输入新值并预测"了。

太好啦！

别急呢！必须做好预测之前的准备，做到输入的手写图像要与学习的数据格式相同。

什么？我以为结束了呢。

输入数据时的处理很重要。在 Jupyter Notebook 中，按照以下 5 个步骤读取图像数据并转换格式。

① 在Jupyter Notebook中上传图像
② 读取图像，转换为灰度（白色-灰色-黑色）图像
③ 转换为8×8的图像
④ 将颜色深度转换为0~16共17个级别
⑤ 将8×8的数据转换为1行数据

首先，"在 Jupyter Notebook 中上传图像"。

样本专用的图像文件可扫描封底二维码获取，用户也可以自行生成图像数据（通过扫描、手写笔等方式）。使用自行生成的数据时，要注意图像上数字的颜色深浅、笔画粗细和尺寸等特征要尽量与训练数据相同。

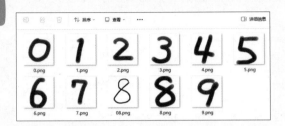

 ## 在Jupyter Notebook中上传文件

① 打开文件夹

❶从 Jupyter Notebook 的菜单中选择"File"下的"Open..."菜单项，弹出 Notebook 文件所在的文件夹。

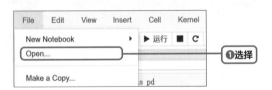

② 选择文件

❶点击右边的"Upload"按钮，弹出上传文件的对话框。在对话框里选择想要上传的文件。

③ 上 传

出现上传的确认状态。❶点击右边的"上传"（或"Upload"）按钮，上传文件。我们一次性上传多张数字图像。

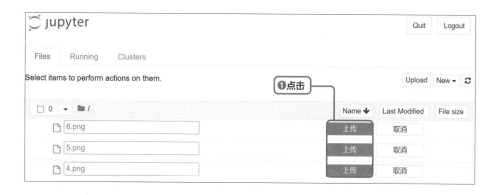

④ 重新打开Notebook文件

最后，在文件夹中重新选择Notebook文件，就可以使用已上传的图片文件了。

文件上传完毕后，就进行下一个步骤"读取图像，转换为灰度图像"了。

第22课

读取图像，预测数字

先调用图像处理使用的 PIL（pillow）库。

 格式：调用 PIL

```
from PIL import Image
```

读取图像文件所使用的函数为 Image.open(< 图像文件名 >)。我们需要进一步转换为灰度图像，所以在读取后调用转换函数 convert("L")。

格式：灰度转换

```
image = Image.open(<图像文件名>).convert("L")
```

用 plt.imshow(image, cmap="grey") 函数对读取的图像进行灰度绘图（见清单 5.9）

 【输入代码】清单 5.9

```
from PIL import Image
import matplotlib.pyplot as plt

image = Image.open("4.png").convert("L")

plt.imshow(image, cmap="gray")
plt.show()
```

输出结果

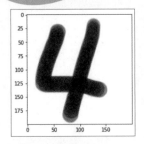

读取的图像显示在 Notebook 文件里了！

我们以灰度模式读取了图像文件，接下来是"转换为 8×8 的图像"了（见清单 5.10）。执行函数 image.resize((8, 8), Image.LANCZOS) 就可以转换为 8×8 的图像了。

【输入代码】清单 5.10

```
image = image.resize((8, 8), Image.ANTIALIAS)
plt.imshow(image, cmap="gray")
plt.show()
```

输出结果

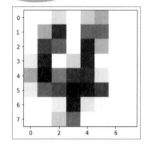

变成有棱有角的马赛克文字了。

接下来是"将颜色深度转换为 0~16 共 17 个级别"。在此之前，我们先看看图像数据是什么样的数值（见清单 5.11）。使用数值计算库 numpy 的 np.asarray(image, dtype=float) 函数可以将 8×8 图像的颜色深度数值化，一起来看看吧。

【输入代码】清单 5.11

```
import numpy as np
img = np.asarray(image, dtype=float)
print(img)
```

输出结果

```
[[255. 249. 219. 255. 205. 178. 255. 253.]
 [254. 181.  56. 255. 117. 115. 255. 251.]
 [255.  82. 112. 255.  44. 184. 255. 252.]
```

第 22 课

```
[228.  41. 250. 212.  46. 255. 255. 254.]
[175.  12. 136.  69.  59. 225. 253. 255.]
[228. 112.  89.  16.  33.  80. 244. 255.]
[255. 255. 236.  37. 227. 244. 253. 255.]
[252. 251. 206. 120. 255. 255. 255. 255.]]
```

有 33 和 255 等各种数字啊。

上面的数据中，黑色用最小值 0 表示，白色用最大值 255 表示，也就是 0~255 的数据。我们想把它们转换为 16~0 的数据。训练时使用的数据是黑色表示 16，白色表示 0 的 17 个级别的数据，但读取的图像数据是黑色表示 0、白色表示 255 的黑白颠倒的 256 个级别的数据。

没有更好的方法吗？

使用 numpy 就可以计算，能一次性计算大量的数据（见清单 5.12）。

哦。

将 0~255 的值代入公式"17× 值 ÷255"，可以得到 0~16.93。用 np.floor 函数舍去小数点后的部分得到 0~16。也就是说，用公式 16-np.florr(17*img/256) 就可以将 0~255 转换为黑白反过来的 16~0。

原来如此。

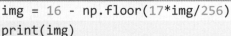

【输入代码】清单 5.12

```
img = 16 - np.floor(17*img/256)
print(img)
```

输出结果

```
[[ 0.  0.  2.  0.  3.  5.  0.  0.]
 [ 0.  4. 13.  0.  9.  9.  0.  0.]
```

170

```
 [ 0. 11.  9.  0. 14.  4.  0.  0.]
 [ 1. 14.  0.  2. 13.  0.  0.  0.]
 [ 5. 16.  7. 12. 13.  2.  0.  0.]
 [ 1.  9. 11. 15. 14. 11.  0.  0.]
 [ 0.  0.  1. 14.  1.  0.  0.  0.]
 [ 0.  0.  3.  9.  0.  0.  0.  0.]]
```

果然，255 ~ 0 转换成了 0 ~ 16。

最后是"将 8×8 的数据转换为 1 行数据"（见清单 5.13）。
执行 flatten 函数可以将二维矩阵转换为一维矩阵。

【输入代码】清单 5.13

```
img = img.flatten()
print(img)
```

输出结果

```
[ 0.  0.  2.  0.  3.  5.  0.  0.  0.  4. 13.  0.  9.  9.  0.  0.
 0. 11.
  9.  0. 14.  4.  0.  0.  1. 14.  0.  2. 13.  0.  0.  0.  5.
16.  7. 12.
 13.  2.  0.  0.  1.  9. 11. 15. 14. 11.  0.  0.  0.  0.  1.
14.  1.  0.
  0.  0.  0.  0.  3.  9.  0.  0.  0.  0.]
```

转换成 1 行了。作为对比，我们来确认原始的图像数据（见
清单 5.14）。

【输入代码】清单 5.14

```
print(digits.data[0:1])
```

第 22 课

```
[[ 0.  0.  5. 13.  9.  1.  0.  0.  0.  0. 13. 15. 10. 15.  5.
 0.  0.  3.
  15.  2.  0. 11.  8.  0.  0.  4. 12.  0.  0.  8.  8.  0.  0.
 5.  8.  0.
   0.  9.  8.  0.  0.  4. 11.  0.  1. 12.  7.  0.  0.  2. 14.
 5. 10. 12.
   0.  0.  0.  0.  6. 13. 10.  0.  0.  0.]]
```

 原本的图像数据从二维矩阵的形式生成，模型就是用这个形式训练的。根据这个形式，将1行的数据代入一个列表，构造成［img］的形式。

这样就准备结束了吗？

 结束了。现在可以用 model.predict 预测了。输入［img］看看吧（清单5.15）。

【输入代码】清单5.15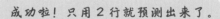

```
predict = model.predict([img])
print("预测=",predict)
```

预测= ［4］

成功啦！只用2行就预测出来了。

 这之前的准备工作很重要。

也试试其他数字吧。

172

好的，我们来预测别的图像（清单 5.16）。读取 6.png，变成灰度图像，转换为 8×8，将颜色深度转换为 0~16，再转换为 1 行的数据。我们已经创建了预训练模型，接下来用它预测就可以了。显示图像并输出预测结果。

【输入代码】清单 5.16

```
image = Image.open("6.png").convert('L')
image = image.resize((8, 8), Image.ANTIALIAS)
img = np.asarray(image, dtype=float)
img = 16 - np.floor(17*img/256)
img = img.flatten()

predict = model.predict([img])
print("预测=",predict)

plt.imshow(image, cmap="gray")
plt.show()
```

输出结果

预测= [6]

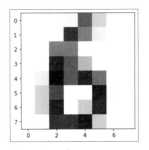

成功了成功了！小智真的能看懂这些数字。

第23课

利用无监督学习
将数据可视化

我们尝试将本次使用的数字图像数据可视化，降维显示成三维图表。

我还是不太明白，为什么只是学习了那些条纹图，就能区分了呢？

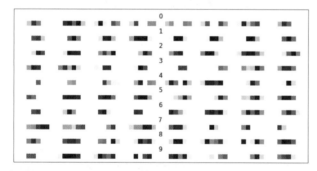

那我们将条纹训练数据的不同之处可视化吧。虽然是在 SVM 模型训练之前的可视化，但也能够观察到一些规律。

太好了！也要使用 plot_boundary 函数吗？

不用哦。那是用 2 个解释型变量在二维图表上绘图的函数，我们现在的训练数据有 64 个解释型变量，也就是 64 维。

什么？64 维？那该怎么办啊？

有很方便的机器学习哦。我之前说过，在无监督学习中除了聚类，还有将复杂数据简化的"降维"。

哦……想不起来了

降维使用一种称为"主成分分析"（principle component analysis, PCA）的统计方法，可以将大量特征降维。比如，将 64 维的特征减少到三维特征。减少之后就可以绘制三维图表了。

听上去像是科幻故事里的"降维打击"什么的。

其实它的使用方法很简单。需要降到三维时，用 decomposition.PCA(n_components=3) 函数创建模型。然后向模型输入特征数据，执行 pca.fit_transform(X) 函数，就可以返回 3 个特征的数据了。

例：降至 3 维特征量

```
pca = decomposition.PCA(n_components=3)
features 3 = pca.fit_transform(X)
```

利用主成分分析将含 64 个解释型变量的训练数据（digits.data）减少至 3 个解释型变量，在三维散点图上绘图吧。为了方便区分，我们用不同颜色表示各个点。

好有意思。

用准备好的颜色绘制目标数字（digits.target）。

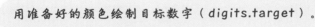

输入并执行清单 5.17 的代码。

第
5
章

小
智
回
归
！
根
据
图
像
预
测
数
字

【输入代码】清单 5.17

```python
from sklearn.datasets import load_digits
from sklearn import decomposition


digits = load_digits()
X = digits.data
y = digits.target


# 准备0~9的颜色名
numbercolor = ["BLACK","BROWN","RED","DARKORANGE","GOLD",
               "GREEN","BLUE","PURPLE","GRAY","SKYBLUE"]
# 将y值改为颜色名，生成colors列表
colors = [numbercolor[i] for i in y]


# 使用主成分分析降维，将64个特征减少至3个
pca = decomposition.PCA(n_components=3)
features3 = pca.fit_transform(X)


# 用减少至3个特征的数据（features3）生成DataFrame对象
df = pd.DataFrame(features3)


# 准备三维散点图
fig = plt.figure(figsize=(12, 12))
ax = fig.add_subplot(projection='3d')
# 将3个特征量作为X，Y，Z，用各点数字对应的颜色绘制散点图
ax.scatter(df[0], df[1], df[2], color=colors)


# 用彩色数字表示对应颜色的样本
ty = 0
for col in numbercolor:
    ax.text(50, 30, 30-ty*5, str(ty), size=20, color=col)
    ty+=1
plt.show()
```

输出结果

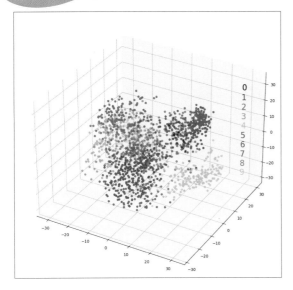

好厉害！可以看出每个数字有自己的集合！

可见红色的"2"和橙色的"3"离得很近。

没错，"2"和"3"的形状很相似。但是黄色的"4"离得很远，看来区别比较大。

蓝色的"6"和黑色的"0"也很近。

是的，"6"和"0"也很相似。但是都混在一起，分不清了。

那我们改变视角来看看吧（见清单5.18）！可能会发现解决办法。

啊！改变视角！又用到这个方法了！

【输入代码】清单 5.18

```
#  改变视角绘图
fig = plt.figure(figsize=(12, 12))
ax = fig.add_subplot(projection='3d')
# 用各点数字对应的颜色绘制散点图
ax.scatter(df[0], df[1], df[2], color=colors)

# 用彩色数字表示对应颜色的样本
ty = 0
for col in numbercolor:
    ax.text(-30+ty*5, 40, 30, str(ty), size=20, color=col)
    ty+=1
ax.view_init(90,0)
plt.show()
```

输出结果

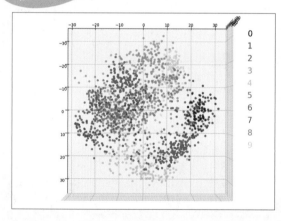

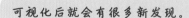

原来如此……蓝色和黑色分开了。这样就看出"6"和"0"的不同了。

可视化后就会有很多新发现。

虽然看上去都是很相近的条纹,但的确是不同的数据啊。《Python 一级：从零开始学编程》到现在这么久，我总算明白小智的思考方式了。

第 24 课

学无止境

我们已经了解了机器学习，但还有很多知识在等着你，如深度学习和强化学习等，学无止境。

博士，我已经彻底学会机器学习了！再没什么可学的了吧？

你学得很认真，很了不起。但是机器学习才刚刚开始，我只是大致讲解了一遍而已。

啊？真的吗？

我们还没涉及人工智能中最著名的"深度学习"呢。要从神经网络的原理开始慢慢学。

这样啊，还没学过深度学习。

通常的机器学习需要人类告诉机器"重点训练某个特征"，而深度学习是让计算机自己找到"重点训练"的方法。它能够学习人类忽略的特征，所以具有极强的判断力。

好厉害！

有时候人类都不知道它的判断依据。很有趣哦

还有这种缺点啊。

我们也还没讲过人工智能应用。虽然我们尝试了人工智能实验，但是"在实际业务中引入人工智能，或者编写人工智能应用程序"需要进行各种验证、参数调整，以及抑制过度学习，要考虑的问题还有很多很多。

我会努力的！

还有很长的路要走哦。

通过机器学习，我也学到了很多！不能只是死记硬背书本上的知识，一定要思考和理解其中的含义。

再见！